HISTOIRE

DU CHEVAL

HISTOIRE

DU CHEVAL

CHEZ TOUS LES PEUPLES DE LA TERRE

DEPUIS LES TEMPS LES PLUS ANCIENS JUSQU'A NOS JOURS

PAR

EPHREM HOUËL

TOME PREMIER

PARIS

EN VENTE AU BUREAU DU JOURNAL DES HARAS

RUE DUPHOT, 12

1848

SOMMAIRES

CHAPITRE V

CHAPITRE VI

CHAPITRE VII

CHAPITRE VIII

CHAPITRE IX

CHAPITRE X

HISTOIRE DU CHEVAL

CHAPITRE PREMIER

Création du cheval. — L'Eden. — Chute de l'homme. — Les Pasteurs. — Les Géans. — Le cheval divinisé par les premiers hommes.

Après avoir créé, par sa parole, le ciel et la terre, les poissons des eaux et les oiseaux des airs, Dieu trouva bon de donner à l'homme une suprême marque de sa faveur : il créa le cheval.

Dans la magnifique succession d'êtres où sa toute-puissance voulut, pour ainsi dire, s'essayer, la dernière place, celle de la perfection, était réservée à cette belle créature.

Si le cheval eût été un de ces grossiers animaux qui rampaient dans la fange des premiers jours, avec les grands serpens, les monstres amphibies et les dragons volans, on retrouverait ses ossemens parmi ceux de ces animaux que la science a recomposés. Hippopotames, ours, éléphans, chameaux, se retrouvent dans les terrains de formations plus ou moins anciennes; mais le fossile du cheval, comme celui de l'homme, ne se trouve nulle part. Ouvrages des derniers jours, fins de la création, dont la femme devait être le mot suprême, le cheval et l'homme entrèrent les derniers dans la vie, après les séries de merveilles, après les soleils et les mondes.

Les intelligences prirent dans leurs mains les moules des créations; ils choisirent les plus charmans contours, les proportions les plus parfaites, l'ensemble le plus merveilleux; ils demandèrent au lion sa fierté, au tigre sa souplesse, au cerf sa légèreté; ils prirent l'œil de la gazelle, la fidélité du chien, la mémoire de l'éléphant; le cigne donna son cou d'argent, et l'onagre son pied de fer.

Le Très-Haut octroya encore à l'être privilégié qu'il voulut former la gracieuse élégance des oiseaux qui se balancent dans l'azur des cieux. Puis il le revêtit d'une robe couleur du temps, c'est-à-dire changeante comme lui; tantôt elle est jaune comme l'or, tantôt elle est noire comme la nuit, tantôt toutes les nuances s'y jouent comme l'émail des fleurs dans les prairies. Quelle était la couleur de celui qui le premier effleura de ses pieds les bosquets de l'Eden? Sans doute, il était de cette nuance céleste que nous retrouvons seulement aujourd'hui dans ces lieux où repose le berceau du monde; son poil était blanc comme le lait de la chamelle et parsemé de légéres marques rougeâtres, comme si les anges, en se jouant, eussent fait pleuvoir sur son corps une grêle de corail.

Dieu avait accordé un don de sa main à chacun des

animaux qu'il avait créés : au cerf, la rosée des feuilles
du taillis ; au lion, le sable chaud pour y faire son nid :
il donna au cheval l'espace pour s'y jouer, comme à l'aigle le chemin des airs, comme à léviathan la route des
mers. Le cheval fut le roi de la vitesse ; c'est le plus rapide des quadrupèdes ; il devance le cerf, bondit comme
le chevreuil et fatigue le loup. Plus prompt que le vent,
plus impétueux que le torrent des montagnes, il ne le cède
qu'à l'ouragan. L'homme entouré d'élémens qui conju-
raient sa ruine, d'animaux dont la vitesse et la force dé-
passaient les siennes, l'homme eût été esclave sur la
terre ; le cheval l'en a fait roi.

Le cheval est, en effet, de tous les êtres créés, le plus
utile à l'homme. Dès l'origine des peuples, il présida à
la formation des empires, et maintenant encore, un état
sans cavalerie et sans la vie que donne le cheval, serait
à la merci du premier conquérant. On peut se peindre
un monde sans animaux sauvages, un monde même sans
aucun des animaux domestiques qui y répandent le bonheur et la fertilité ; mais un monde sans chevaux est impossible. Nous dirons plus tard comment la civilisation
portée en Amérique par les premiers navigateurs qui
peuplèrent cette terre, s'éteignit et aboutit à l'état sauvage sous le plus beau ciel et au milieu de la plus belle
nature du monde, parce que le cheval ne se trouvait pas
dans la cargaison du vaisseau qui y porta le premier
homme. Là où le cheval est en honneur, la civilisation
croît et se développe ; là où il s'abâtardit, la civilisation
languit et meurt. Retranchez le cheval de la création,
vous enlevez de la terre le sentiment et la vie, vous enlevez le grand ressort de la machine de Dieu. Aussi

comme ce noble animal est bien fait pour sa haute mission. Elégance, harmonie, force, courage, douceur, intelligence, le cheval réunit tout. Tous les climats lui sont bons, tous les alimens font sa nourriture, son pied mord sur le roc, effleure le sable et se pose en sûreté sur les glaces du Nord ; d'admirables jointures élèvent sur ses quatre bases un corps rayonnant de grâce et de beauté ; son rein supporte les poids les plus lourds, sa queue forme un éventail si riche que des rois puissans et des phalanges guerrières en ont fait un glorieux ornement ; son cou porte sans plier le joug des chars, et sa tête est un poème vivant où toutes les passions éclatent et dont le langage sait se faire entendre à tout ce qui respire, soit qu'il caresse soit qu'il menace. Le mouvement de ses oreilles, l'éclair de ses yeux, le hennissement doux ou terrible de ses ardentes narines répandent la joie ou la terreur. Il se plie à tout : sous le frein du guerrier, sa voix appelle les combats, et sous la main du laboureur, il trace un paisible sillon.

Tant que durèrent les jours de l'Eden, le cheval ne fut d'aucun service à l'homme. Comme tous les autres animaux, il était seulement un de ces brillans jouets qui n'avaient d'autre destination que celle d'animer de leurs ébats l'immense solitude du matin de l'univers. Il paissait les vastes prairies qu'arrosait le fleuve aux quatre branches, et livrait sa chevelure soyeuse aux vents tièdes de l'heureux séjour.

La chute de l'homme révéla au cheval sa noble mission ; il sortit avec lui de la douce patrie, il frémit en voyant sur la terre les cèdres déracinés par l'orage, les ravins creusés par les torrens : il effleura d'une dent dé-

daigneuse les prairies embaumées qui s'étendent du Tigre à l'Euphrate : elles lui semblaient amères comme le
pain de l'exil. Effrayé par des bruits étranges, par cette
nature rude et sauvage à laquelle ne l'avait pas accoutumé l'éternel printemps dont il avait joui jusqu'alors,
emporté par l'instinct de son aventureux génie, pour la
première fois, lui aussi fut ingrat ; il oublia son maître,
il quitta l'homme, il franchit le désert en quatre bonds,
il vit l'espace et la liberté devant lui ! Mais bientôt il vint
reprendre sa chaîne pour ne plus la quitter, et l'homme,
à son premier réveil sur cette terre de misère, le trouva
docile et soumis, prêt à partager ses dangers et sa gloire.
Il laissa l'espace pour un sentier rude et borné, la liberté
pour un frein, et fut le premier être qui prit la devise :
Je sers ! qui plus tard honorera le front des rois.

Le cheval fut de tout temps le serviteur de l'homme ;
avec le chien, la vache et la brebis, il forme ce noyau
d'animaux domestiques qui suivirent l'homme dans son
exil : le cheval sauvage est un animal dégradé ; c'est un
fruit de nos misères, c'est le bandit qui fuit sur la montagne, ou le pauvre banni, relégué loin des siens sur une
terre de tristesse et d'abandon. Il faut au cheval la compagnie de l'homme : sa main pour lisser sa crinière, son
cœur pour animer le sien, son génie pour ennoblir ses
destins. L'homme, dit-on, aurait conquis le cheval ! Et
où voit-on donc les marques de l'esclavage? S'il est esclave, c'est lorsque, soumis à ses besoins, livré aux simples instincts de la brute, maigre, chétif, épuisé, il dis-
pute aux élémens en fureur, aux animaux sauvages, une
vie d'inquiétude et d'abstinence ; mais il est libre, quand
il bondit sous la main du cavalier, quand il traîne un char

de victoire, quand il triomphe aux jeux du Cirque, quand il combat et meurt aux jeux du dieu de la guerre : là est son règne et sa puissance , là est sa gloire et sa destinée.

Quel fut le sort de la race équestre, pendant cette jeunesse du monde où la terre produisait à l'envi les fruits les plus savoureux, les fleurs les plus brillantes, où l'herbe égalait en hauteur la tige des palmiers, où les palmiers des vallées caressaient le front des montagnes, où le roi du monde n'avait qu'à se laisser vivre au sein des prospérités que Dieu lui avait faites? Il est facile de le dire; elle rendit à l'homme tous les services qu'elle était destinée à lui rendre ; Adam, qui vécut 900 ans, qui vit passer sous ses yeux trois cents générations de chevaux ; Seth, le père des enfans de la Loi, Enos, Caïnan, Malaléel, Jared, Enoch, qui, après 360 ans de vertu, fut enlevé au ciel, Mathusalem, dont la vie fut si longue, Lameth, père de Noé, tous ces hommes forts et intelligens qui sentaient encore dans leur âme bouillonner le souffle divin, furent d'habiles éleveurs et de bons écuyers. Ils devinaient ce que nous n'apprenons qu'avec peine ; chacun d'eux pouvait compter des siècles d'expérience, et cette expérience ne fut pas perdue pour eux ; elle leur servit à mettre à profit les dons qu'ils avaient reçus.

Le cheval fut d'abord l'ami de la famille , admis sous la tente du patriarche, caressé par les enfans, nourri par les mains des jeunes filles de l'ambroisie que distillaient les plantes de l'ancien monde ; il passait les jours à gravir les hautes montagnes, à franchir les torrens, ou les cratères encore chauds des volcans de la création ; il courait à travers les plaines du désert défiant la gazelle et l'autruche, préludant ainsi aux rudes travaux que l'homme devait bientôt lui imposer. Le soir, couché au seuil de la tente, il prêtait parfois son flanc docile au pasteur qui s'y étendait mollement, le coude sur l'encolure, comme plus tard les voluptueux rois de l'Orient sur leurs soyeux coussins. Quelquefois, quand le groupe arrondi des enfans d'Adam écoutait les grands récits qu'il devait transmettre à la postérité, le cheval, appuyant sa tête capricieuse sur l'épaule de l'un d'eux, mêlait sa flottante crinière aux cheveux bruns des jeunes hommes, aux cheveux blancs des anciens de la tribu.

Ce fut un beau moment dans l'histoire du monde, un moment où les anges du ciel se penchèrent de leurs siéges étoilés pour regarder la terre, celui où le premier cavalier enroula sa main dans la crinière de son coursier et s'élança sur son dos, trône de tant de gloires. Jeté sur un coin de ce globe, qu'il devait mettre plus de cinq mille ans à connaître, le premier instinct de l'homme primitif fut la curiosité ; il avait soif de ce mystérieux infini qui fuyait devant ses pas et tourmentait son orgueil ; il lui fallait un secours, un pied plus infatigable et plus rapide que le sien. Le cheval anima les vastes solitudes du naissant univers ; il rapprocha des lieux inconnus et remplaça à lui seul, au sein de la famille et sous la tente nomade, quarante siècles de civilisation.

Un des premiers soins, un des plus importans à cette époque fut celui des troupeaux. La vie pastorale est la plus naturelle, la plus pure, la plus rapprochée d'une origine divine. Le paissage des troupeaux fut l'occupation des premiers hommes, et plusieurs tribus s'y consacrèrent spécialement. Telle fut celle de Jabel, fils d'Ada et de Lameth ; elle était composée de pasteurs, habitant sous des tentes et menant cette vie errante qui va si bien au climat de l'Orient. On lit dans Zonare : « que Jabel avait de grands haras et force poulains et chevaux *où il prenait son plaisir.* » Le cheval et le chien furent les auxiliaires des pasteurs : le chien servit à diriger les hordes vagabondes, le cheval à les suivre. Comment, en effet, diriger et rassembler ces immenses troupeaux, perdus dans la prodigieuse végétation d'un monde antédiluvien, sans avoir le secours de la vitesse du cheval? comment rapprocher des oasis séparées par des déserts? La vie humaine n'y eût point suffi. Semblables à ce berger d'un conte populaire, qui, s'il eût été roi, eût gardé ses moutons à cheval, les premiers pasteurs gardaient leurs troupeaux à cheval, le long des fleuves de l'Orient, comme le firent plus tard les Centaures et les Lapythes, comme le font encore aujourd'hui les piccadores espagnols, les bergers de la campagne de Rome, les tabunzeks des steppes de Tartarie, les pâtres de la Camargue et les Gauchos du Nouveau-Monde.

Bientôt le cheval vint servir d'autres besoins, de plus impérieuses passions. Du jour où Caïn tua son frère, la discorde avait pénétré sur la terre; des rivalités de toute nature germèrent au cœur de l'homme. Le cheval du pasteur devint un cheval de guerre; le cheval du laboureur ravagea les champs qu'il avait cultivés. De l'habitude de se servir de lances pour diriger leurs troupeaux et les défendre contre les attaques des bêtes féroces, à celle de s'en servir pour combattre entre eux, il n'y eut qu'un pas à faire pour les premiers pasteurs, et bientôt les escadrons se ruèrent l'un sur l'autre et la terre frémit sous leurs pas.

Alors les tyrans se montrèrent, comme après l'orage le limon à la face des eaux. Quand les fils de Dieu prirent pour épouses les filles des hommes, ils eurent pour fils les géans ; ceux-ci étaient puissans par le génie, puissans par la force de leurs bras ; leur cœur était intrépide ; mais ils vivaient loin de Dieu. Ils dirent les premiers : « Ce champ est à moi ! » Les hommes les suivirent ; ils fondèrent des colonies, des villes pour y cacher leurs crimes, y fuir les atteintes des bêtes sauvages et le courroux de leurs frères. Caïn leur avait donné cet exemple ; il bâtit dans sa vieillesse la ville d'Hénochïa, du nom de son fils Hénoch. Les géans bâtirent aussi cette ville de Sippary, ou ville du Soleil, en Mésopotamie, où Noé enterra les tables de pierre qui contenaient les faits historiques et les principes des sciences. Ils élevèrent des palais ; ils eurent des citadelles et des armées ; le cheval leur vint en aide ; il porta les guerriers, il s'attela aux chars de guerre ; son importance s'accrut du besoin qu'on avait de lui ; il fut divinisé comme le cavalier. Les idoles des faux dieux adorés du temps de Noé étaient *Ood*, c'était le ciel représenté sous la forme humaine ; *Joa*, qui avait la figure d'une femme ; *Irous*, celle d'un lion ; *Yaoue*, celle d'un cheval, et *Naser*, celle d'un aigle. C'est la première fois que nous voyons le cheval pris pour emblème. Si, comme le pense le commentateur Jamchascar, ces noms étaient ceux des grands hommes du temps, Yaouc était sans doute un fameux cavalier de l'époque antédiluvienne. Dès lors, les rois qui possédaient le plus de chevaux et de cavaliers étaient les maitres de la terre ; leur orgueil ne connut bientôt plus de bornes : *Nous monterons au ciel*, disaient-ils, *nous placerons nos trônes au-dessus des étoiles ; nous serons semblables au Très-Haut !* Dieu confondit leur insolence, il se vengea par le déluge : le cheval et le cavalier furent confondus dans sa colère ; deux chevaux seulement, compagnons de Noé, s'arrêtèrent avec lui au sommet de l'Ararat.

CHAPITRE II

Les chevaux qui entrèrent dans l'arche avaient sans doute dégénéré de celui qui courait en liberté dans l'Eden. Le sceau divin imprimé à tous les êtres qui sortaient de la main de Dieu s'était peu à peu effacé, et, semblables à ces créatures lumineuses que d'anciennes traditions nous représentent confondues au berceau du monde avec les fils des hommes, ils conservaient encore le reflet de leur céleste origine, mais comme obscurci et voilé par les ombres de la terre. Cependant cette dégénération n'était rien en comparaison de celle qui attendait la création après le déluge. C'est un fait attesté par les historiens et les savans, que la terre se refroidit après cette grande catastrophe, qu'elle se soit accomplie successivement ou simultanément. La vie des hommes ne fut plus que d'une courte durée ; une vieillesse précoce, des maladies inconnues en altérèrent le cours. Les végétaux perdirent leur vigueur, les fleurs furent moins éclatantes, leurs parfums moins délicieux, leurs tiges moins élevées. Les animaux déchurent dans la même proportion. Ainsi, quand, après un demi-siècle, nous retrouvons autour des peuples naissans l'espèce chevaline déjà importante en nombre, elle a perdu de sa taille, de sa force et de sa poésie. C'est encore le premier animal de la création ; mais ce n'est plus cet être puissant et magique que nous avons vu faire trembler sous ses pas le sable de l'ancien monde.

Le fait historique qui domine cette époque est la formation des langues et la dispersion des hommes. Ici l'histoire du cheval devient complexe, et nous aurons à le suivre dans les climats divers où s'égara le pied des premiers peuples ; nous aurons à indiquer les variations, les dégradations qui s'opérèrent chez lui, à mesure qu'il s'éloigna de son berceau. Nous aurons ensuite à constater son influence sur la civilisation des peuples, la grande mission qu'il eut à remplir chez quelques uns, tandis que chez d'autres il était négligé ou même à peu près inconnu. Enfin, nous aurons à signaler les pays qui conviennent le mieux à sa constitution et qui réussirent à lui conserver à un plus haut degré ses qualités natives ; mais d'abord constatons un fait, c'est que ce pays, où la Genèse place le berceau du monde, cette vaste contrée bornée au nord par le Pont-Euxin et la mer Caspienne, à l'occident par la Méditerranée et la mer Rouge, à l'orient par les déserts de l'Hircanie, le golfe Persique et la mer des Indes, au midi par l'Océan et la mer Erythrée, est la patrie par excellence du cheval. Il semble que ce climat soit fait pour sa constitution, la terre pour son pied, les produits du sol pour sa bouche, l'air tiède qu'on y respire pour ses ardentes narines. C'est là que, sous le nom générique de *cheval arabe*, il a été regardé par les hommes de tous les temps comme le type de la perfection, au point de vue de la poésie, des détails et de l'harmonie de l'ensemble.

Environ cent ans après que les enfants de Noé furent sortis de l'arche, ils se trouvèrent trop nombreux pour habiter ensemble l'Arménie; ils descendirent les deux fleuves de l'Euphrate et du Tigre et arrivèrent dans les plaines de Sennaar ; là, ils s'arrêtèrent, et bâtirent une ville et une tour qui fut appelée Babel, et plus tard Babylone.

De cette époque, selon l'Ecriture, date la diversité des langues et la dispersion des hommes. Le nom du cheval se retrouve au berceau de tous les peuples anciens, exprimé par des sons qui n'ont entre eux aucune analogie, ce qui prouve que ce noble animal était d'un usage habituel. En effet, les langues anciennes, même les plus pauvres, celles qui n'expriment que les principales sensations humaines et un petit nombre d'objets physiques, ont toutes un mot et en ont souvent plusieurs pour désigner le cheval, tandis que presque tous les autres animaux ont des noms dont les racines sont communes à plusieurs langues.

Nous donnons ici les noms des chevaux chez les divers peuples. On verra ceux qui peuvent avoir entre eux de l'analogie, qui viennent nécessairement les uns des autres, et ceux qui supposent une origine ou un genre de langage tout différent.

DIFFÉRENTES LANGUES	LE CHEVAL SE NOMME	DIFFÉRENTES LANGUES	LE CHEVAL SE NOMME
Asiatiques		*Européennes*	
En hébreu	Sous.	En grec	Hippos.
— arabe.........	Feres.	— celtique.......	Marc'h.
— syriaque	Rakscho	— latin	Equus.
— chaldéen	Sous.	— italien........	Cavallo.
— chinois........	Ma.	— espagnol	Caballo.
— indien.........	Assouam.	— allemand.....	Ross.
— persan	Asp.	— anglais........	Horse.
— arménien......	Tsin.	— prussien.......	Ross.
— zend..........	Aspo	— russe	Lochad.
— turc	At.	— roman	Cavaih.
— cochinchinois.	Maa.	— portugais.....	Caballo.
— hébraïco-phé-		— islandais	Hross.
nicien.......	Parash.	— suédois	Hast.
— hindoustani...	Ghora.	— danois........	Hest.
— malais	Koudo.	— saxon.........	Hors.
— samscrit	Açrva.	— polonais.......	Kon.
Africaines		— lithuanien.....	Aszwa.
— égyptien......	Hoçan, Hausan	— bas-breton.....	Marc'h, Gazec.
— africain (nigri-		— theuton.......	Pferd.
tie).........	Mourda.	— hollandais.....	Paerd, Hengst.
— copte	Htor.	— grec moderne.	Alogo.
— œthiopien	Fars.	— gaëlique.......	Each.

Il y aurait une curieuse recherche à faire sur l'origine des noms du cheval dans toutes les langues, à les comparer et les combiner entre eux ; mais ce travail sortirait du cadre que nous nous sommes tracé ; nous dirons seulement que la lecture de ces noms, presque tous monosyllabiques, tels que *at, ma, asp, fars, pferd, ross,* implique, par leur brièveté, une idée de vitesse, qui, en effet, s'associe dans plusieurs langues aux noms *d'aile, de flèche, d'hirondelle,* etc. L'aspiration du grec *hip-pos,* semble se retrouver dans *hip-tamai* voler. Le mot *equus* sort de ce cercle d'idées ; il viendrait, pense-t-on, d'*æqualis,* à cause du dos uni et des proportions régulières du cheval. Le mot français, *cheval*, est le plus ridicule de tous comme étymologie : il dérive du mot de la basse latinité *caballus*, venant du grec καβάλλης, chameau, bête de charge. En effet, l'antiquité avait fait du cheval un animal poétique et brillant, comparable par sa vitesse aux oiseaux des cieux, et les temps modernes n'en ont fait trop souvent qu'un lourd et grossier chameau.

Deux grandes divisions s'opérèrent chez les nations à l'époque de la dispersion des hommes, et ces divisions sont trop importantes dans l'histoire du cheval, pour que nous ne nous y arrêtions pas un instant. Il se forma des peuples pasteurs, qui habitaient sous des tentes qu'ils transportaient çà et là après un séjour plus ou moins long. Les hommes qui gouvernaient ces peuplades s'appelaient patriarches ; tel était Abraham, cette grande figure qui remplit de son nom le vieil et le nouvel Orient. En outre, il se fonda des villes dont les habitans fixes cultivaient les champs, faisaient la guerre aux animaux sauvages et se livraient entre eux des combats sanglans. Tels furent ceux qui se symbolisèrent dans Nemrod, *violent chasseur devant le Seigneur, qui apprit en tuant des bêtes à tuer aussi des hommes.*

Le cheval compte nécessairement pour peu de chose chez les patriarches. Ces hommes, qui vivaient simplement du produit de leurs troupeaux, avaient surtout besoin du bœuf, de la vache, de la brebis et de la chèvre ; il leur fallut aussi des chameaux pour transporter leurs bagages, quand ils voyageaient ; mais leur monture principale était l'âne, frère de l'onagre indompté, robuste et patient animal, dont la civilisation se moque, parce qu'elle l'a dégradé. La garde des troupeaux de bœufs, les messages rapides, la chasse dans certaines contrées, voilà seulement l'emploi de quelques chevaux parmi les peuples pasteurs. Le cheval n'était pas une nécessité pour eux; ils n'en possédaient donc qu'autant qu'en réclamaient les services les plus indispensables.

Nous jugerons, par un coup d'œil jeté sur la vie du père des Hébreux, des habitudes et de la vie errante des patriarches.

Abraham, né à Ur, ville de Mésopotamie, la quitte pour aller s'établir à Haran; après la mort de Tharé son père, il abandonne Haran pour Sichem, pénètre jusqu'à la vallée de Mambré et delà à Béthel, où il plante ses tentes. La famine étant survenue dans ce pays, il se rend en Egypte; d'Egypte il revient au pays de Chanaan et va faire paître ses troupeaux entre Béthel et Haï. Ce fut à cette époque qu'il se sépara de Loth, auquel il dit : *« Vous voyez devant vous toute la terre; si vous allez à gauche, je prendrai à droite; si vous choisissez la droite, je prendrai la gauche. »* Abraham, par l'ordre du Seigneur, parcourt la terre promise à ses descendans; il s'établit d'abord près d'Hébron, sur les confins de la vallée de Mambré. Après la destruction de Sodôme, il pose de nouveau ses tentes vers Gérare, entre Cadès et Sur, puis il revient en Palestine. Peu d'années après, il s'en retourne à Bersabée où il demeure; à la mort de Sara, il était à Hébron, puisqu'elle y mourut. Enfin Abraham mourut lui-même à Bersabée, près de Gérare, et fut enterré avec Sara dans la caverne d'Ephrom.

Telle était la vie des patriarches; telle fut celle de Loth et des autres. Ils plantaient leurs tentes vagabondes là où s'offraient les meilleurs pâturages, là où la terre ne leur était pas disputée ; ils vivaient du produit de leurs troupeaux, et du commerce qu'ils faisaient avec les habitans des villes, qui leur cédaient des vêtemens, des meubles, des parures, pour prix de leur bétail.

Voilà d'où vient l'opinion que les anciens Arabes n'avaient point de chevaux, et même que le cheval n'est point originaire de leur pays. Mais, quoique la vie nomade ne nécessitât pas l'emploi fréquent du cheval, on ne peut croire que les patriarches eurent *l'imbécillité*, suivant l'expression de saint Jérôme, de ne pas s'en servir. Toutefois, si chez les peuples pasteurs le cheval n'était que d'une utilité secondaire, il n'en fut pas de même chez ceux qui habitaient les villes : ceux-ci étaient chasseurs et guerriers ; or la chasse des bêtes féroces ne pouvait se faire qu'à cheval, et la première fois que l'Ecriture parle des guerres de ces temps anciens, elle y fait apparaître le cheval et le cavalier.

Après Nemrod, un des premiers bâtisseurs de villes fut Assur, qui édifia cette cité prodigieuse plus tard appelée Ninive, du nom de son restaurateur Ninus : on le regarde comme le fondateur de Roboboth, Rhesen et Calé, dans l'Assyrie. Ninive avait, dit-on, 420 stades de tour, ou 120 kilomètres ; ses murailles avaient plus de 33 mètres de hauteur, et trois chars pouvaient marcher de front sur leur sommet ; trois millions d'habitans sortaient par ses portes magnifiques que défendaient 150 tours élevées. On se fait difficilement une idée de ces gigantesques nations, et on juge mal, à notre époque, la vie intelligente et active de ces hommes d'un autre âge. Mais, pour ne soulever qu'un coin du voile qui cache à jamais dans la poussière leur civilisation inconnue, croit-on que, sans la force, la vitesse et le secours du cheval, d'aussi prodigieux travaux eussent été entrepris, des pensées aussi grandioses eussent pu naître et se réaliser? N'est-ce pas le cheval qui a fait concevoir que l'espace et le temps n'étaient rien? Peignez-vous donc Ninus à pied, traçant les contours de sa ville! Oh! l'idée d'un circuit si colossal ne lui fût pas même venue. Comment aller vaincre les Indes, quand, au rapport du prophète Jonas et de l'historien Strabon, il fallait trois jours pour parcourir sa ville?

Aussi les plus anciens historiens ne peignent-ils les rois des villes qu'entourés de chars et de cavaliers. Les monumens que l'on découvre chaque jour dans la vieille Égypte et sous les ruines de Ninive, représentent les dieux et les héros sur des chars traînés par des chevaux, comme pour symboliser leur puissance.

Ainsi, dès l'origine des peuples, il se trouva des nations chez lesquelles le cheval devint le compagnon inséparable de l'homme, et d'autres où son usage fut moins habituel.

Il serait fort difficile de déterminer d'une manière certaine quels furent les peuples hippiques de ces temps reculés; nous ne pouvons qu'indiquer les caractères généraux que les historiens ont attribués aux races chevalines du monde des anciens.

Dieu n'avait créé qu'un cheval, mais il avait donné à l'espèce une prodigieuse facilité de se modifier, selon le gré et les besoins de l'homme; il permit que des sols divers, des soins appropriés, une nourriture spéciale, des croisemens judicieux, vinssent apporter dans l'organisation, la taille, la force, l'énergie, la vitesse de cet animal, tous les changemens nécessaires aux travaux divers qui devaient lui être imposés. Ainsi, dès l'époque de la dispersion des hommes, des races diverses de chevaux se formèrent sur la terre.

Les chevaux qui vinrent vers l'Afrique prirent différentes formes, selon le climat; mais ils conservèrent en général les caractères principaux des chevaux méridionaux, la légèreté, la grâce et l'énergie. Dans les champs féconds qu'arrose le Nil, leur taille se développa, leurs muscles s'élargirent, et ils devinrent propres à traîner des chars de guerre. C'est en Égypte, en effet, qu'on les vit attelés pour la première fois à ces chars.

Ceux qui furent conduits aux sources de l'Euphrate, prirent plus de taille, de grâce, de brillant; mais perdirent cette énergie et ce fonds inépuisable, caractère indélébile du cheval du désert.

Ceux qu'on emmena en Europe acquirent peu à peu une taille plus élevée, des formes plus arrondies. Ici, ils conservèrent une brûlante énergie; là, ils perdirent plus ou moins leur mérite et leur beauté. Il y eut des contrées humides et de lourdes atmosphères où ils finirent par ressembler au cheval des fleuves, à ce massif Hippopotame, auquel ils prêtèrent leur nom.

Ceux qui furent exilés sur les côtes de l'Inde furent bientôt privés de leur taille, de leur énergie, de leur vigueur; ils devinrent peu à peu inutiles à l'homme, qui s'accoutuma à les remplacer par les chameaux, les ânes et les éléphans.

Ceux qui gagnèrent les plaines de la Tartarie et de la Chine se divisèrent en deux grandes familles. La famille chinoise dégénéra comme celle de l'Inde, tandis que la famille tartare, tout en perdant sa grâce et son harmonie natives, conserva son âme, son pied de fer et son œil de feu.

Enfin, ceux qui restèrent sous la tente des pasteurs d'Arabie conservèrent le sceau divin de la création. Ils formèrent la race arabe, telle à peu près qu'elle s'est conservée jusqu'à nos jours, malgré les dégradations inséparables de l'état précaire des peuples nomades qui habitent l'Arabie, malgré les guerres, les invasions, et peut-être l'action du temps, qui, s'il en faut croire de graves penseurs, tend à miner sourdement la créature, à mesure qu'elle s'éloigne de son premier jour.

Quoi qu'il en soit, voici comment le livre de Job nous représente le cheval arabe :

Est-ce toi qui as donné la forme au cheval, qui as hérissé son cou d'une crinière mouvante ?

Le feras-tu bondir comme la sauterelle ?

Son souffle répand la terreur !

Il creuse du pied la terre ; il s'élance avec orgueil ; il court au-devant des armes.

Il rit de la peur ; il affronte le glaive ; sur lui le bruit du carquois retentit, la flamme de la lance et du javelot étincelle ; il bouillonne, il frémit, il dévore la terre. A-t-il entendu la trompette? C'est elle. Il dit : Allons ; et de loin il respire le combat, la voix tonnante des chefs et le fracas des armes.

Job était un roi pasteur, qui habitait la terre de Huz, dans l'Idumée orientale, sur les frontières de l'Arabie. L'époque où il a vécu est contestée. Quelques-uns le font contemporain de Jacob ; d'autres de Moïse. Quoi qu'il en soit, ce fragment de son magnifique poème est la première et la plus belle description qu'on ait faite du cheval.

On voit aussi par là combien était avancée la science

équestre des premiers âges. Le cheval est monté, il est accoutumé au frein, au choc des armes, au son des trompettes ; il bondit, il vole, il hérisse sur son cou sa flottante crinière ; il est le plus magnifique, comme le plus vaillant esclave de l'homme ! Qu'a-t-il gagné depuis cinq mille ans ?

CHAPITRE III

Le plus ancien comme le plus authentique des livres, l'Ecriture, ne commence à mentionner le cheval qu'en parlant de l'entrée de Joseph et de ses frères en Egypte ; d'où l'on a conclu que c'était en Egypte et chez les peuples voisins du Nil que le cheval avait d'abord été soumis à l'homme et façonné à ses besoins : c'est une erreur. Comme nous l'avons vu, le cheval a de tout temps été soumis à l'homme et a partout suivi ses destins. L'Egypte a été une des plus anciennes nations civilisées, une des premières où les fils de Noé aient bâti des villes, aient fondé des établissemens fixes, aient fait fleurir l'agriculture. Il est tout naturel que le cheval se soit ressenti de cet état de choses. Les Egyptiens, en effet, ne se contentèrent pas des services ordinaires rendus par le cheval aux premiers hommes ; ils le dressèrent à toutes sortes d'usages ; le firent servir aux plaisirs, à la guerre, aux

affaires. Il traîna le char des guerriers, la charrue du laboureur, le chariot destiné aux promenades, aux triomphes
et aux voyages. D'ailleurs le climat et les vallées que fer-
tilise le Nil avaient, comme nous l'avons dit, développé
la race chevaline, lui avaient donné une taille plus élevée, des formes plus amples et par conséquent plus
d'aptitude pour le tirage que n'en a le cheval primitif,
dont la conformation est ramassée et anguleuse.

Voici d'ailleurs comment s'exprime l'Histoire-Sainte
dans le passage que nous venons de rappeler :

« Le roi le fit monter (Joseph) sur son char, précédé
» d'un héros criant : Que tout le peuple fléchisse le ge-
» nou devant lui. »

Plus tard, Joseph ordonna à ses frères « de prendre
» des chars de la terre d'Egypte pour amener leurs pe-
» tits enfans et leurs femmes. »

Joseph lui-même « fit atteler son char et vint à la ren-
» contre de son père. »

Nous avons dit que les Israélites n'avaient que peu de
chevaux, à cause de leurs habitudes pastorales ; c'est ce
que l'Ecriture ne manque pas d'expliquer formellement
en disant : « Ils sont pasteurs de brebis et ils ont soin de
nourrir des troupeaux ; ils ont amené avec eux leurs brebis et leurs bœufs et tout ce qui leur appartenait. » Cependant le cheval était loin de leur être étranger ; car
Joseph, quand ses frères eurent amené leurs troupeaux.
leur fit donner de la nourriture pour *leurs chevaux*,
leurs brebis, leurs bœufs et leurs ânes.

Jacob avait l'habitude de la chasse à cheval, puisqu'il
fait cette belle comparaison : « Dan est un serpent près
» de la voie, un serpent caché dans le sentier et qui

» mord le pied du cheval, afin que le cavalier tombe en
» arrière. »

A la mort de Jacob, Joseph fit célébrer ses funérailles
en la terre de Chanaan, et il prit avec lui un grand nombre de cavaliers.

A l'époque de Moïse, vers l'an du monde 2500, l'éducation du cheval et l'art de s'en servir étaient portés au
plus haut degré de perfection.

Si, remontant de 4000 ans, nous entrions un matin
dans les murs géans de Thèbes ou de Memphis, peut-être
serions-nous confondus à la vue de ces habiles cochers, de
ces intrépides écuyers lançant sur le sable moelleux d'ardens coursiers à la narine de feu. Menès et Isis, qui se faisaient des statues plus élevées que les cèdres ; les Pha-
raons, qui se bâtissaient des tombeaux hauts comme des
montagnes ; Mœris, qui se creusait un réservoir grand
comme une mer ; tous ces hommes de gigantesque pensée et de gigantesque pouvoir ne laissaient pas s'éteindre
dans leurs mains le flambeau sacré de la science du cheval. Parmi les coutumes de ce peuple égyptien, dont la
sagesse est si vantée, figurent tous les exercices publics
capables de développer la force, le courage et l'adresse
de l'homme, et parmi ces exercices se placent en première
ligne, avec les courses à pied, les courses de chevaux et
de chars. Les hiéroglyphes nous représentent encore des
épisodes curieux de ces jeux, dont malheureusement les
descriptions ne sont pas venues jusqu'à nous, mais que
nous retrouvons au seuil de la nationalité grecque, brillant reflet de celle de l'Egypte.

Lors du passage de la mer Rouge, vers l'an 2545,

l'usage du cheval à la guerre était si fréquent, si usuel,
que l'Ecriture dit, en parlant de Pharaon : « Il fit atteler
» son char et prit tout son peuple avec lui, et il énuméra
» six cents chariots d'élite et tous les chars de l'Egypte
» et les chefs de toute l'armée, et comme les Egyptiens
» les poursuivaient de près, ils les virent campés près de
» la mer ; toute la cavalerie et tous les chars de Pharaon
» étaient à Phihahiroth, vis-à-vis de Béelséphon ; et les
» Egyptiens, les poursuivant, entrèrent avec eux dans la
» mer, et toute la cavalerie de Pharaon et ses chars et ses
» cavaliers.

» Alors Moïse et les enfans d'Israël chantèrent le can-
» tique au Seigneur et dirent : Je chanterai le Seigneur,
» parce qu'il a fait éclater sa gloire ; il a précipité dans
» la mer le cheval et le cavalier. »

Dans les temps postérieurs, l'Egypte possédait un si
grand nombre de chevaux, qu'elle en fit l'objet d'un
commerce considérable avec les nations voisines. Ces chevaux étaient surtout renommés pour le tirage des chars.
Le roi Salomon aimait à les faire servir à ses attelages
et à ses cavaliers.

Ce que nous avons dit d'ailleurs de la haute antiquité
de la science hippique ne doit pas surprendre, quand on
envisage le degré de perfection que cette science avait
déjà atteint à une époque si reculée. Il faut, en effet,
se rendre compte du temps qu'il a fallu pour en arriver,
après des essais répétés pendant des siècles, à faire un
char de guerre, à y atteler un coursier, à diriger ce char
et ce coursier sur un champ de bataille. Tout cela a demandé des milliers d'années à apprendre, et tout cela
était connu avant Moïse.

Une des preuves les plus frappantes de l'antiquité des habitudes équestres se trouve dans l'histoire d'Osymandrée. Ce roi d'Egypte vivait peu de temps après le déluge et près de huit siècles avant la guerre de Troie. Au rapport de Diodore, il fit la guerre aux peuples de la Bactriane à la tête d'une armée de quatre cent mille hommes d'infanterie et vingt mille chevaux. C'est, du reste, la confirmation de ce que nous avons dit des nations aguerries à l'époque des patriarches.

Les bas-reliefs trouvés en Egypte offrent partout l'image du cheval employé soit à la guerre, soit aux fêtes religieuses, soit aux voyages, soit aux usages de l'agriculture.

On voit, entre autres, dans les sculptures de Thèbes, au temple de Karnac, un char monté par un guerrier et son écuyer. Celui-ci a les rênes attachées autour des reins ; le guerrier tient un arc ; les deux chevaux sont au galop, très enlevés et presque cabrés.

Au palais de Karnac, on trouve aussi un guerrier combattant sur un char ; les deux chevaux de son attelage sont ornés de plumets.

On y aperçoit encore un roi assis dans son char. On amène des captifs à ce roi. Ses chevaux sont couronnés de plumets et enveloppés entièrement, à l'exception de la tête et des jambes, d'un vaste caparaçon. Leur allure est gracieuse et enlevée. Le port de queue est superbe et la tête fort ramenée.

Ces représentations se répètent à l'infini à Karnac, à Louqsor et dans tous les monumens de l'Egypte.

Un tableau que l'on remarque moins fréquemment dans ces monumens antiques, nous montre un cavalier monté sur un cheval. Ce cheval est au galop. Le cavalier est blessé d'une flèche ; il a un bouclier à la main. Le coursier est nu et bridé comme les chevaux des chars.

On a pensé à tort que les hommes des temps qui nous occupent faisaient moins usage de l'équitation que du char. Si l'on rencontre moins souvent l'image du cavalier en remontant l'histoire de ces temps, c'est que les chefs des peuples, dans les batailles, ne combattaient point à cheval, mais en char, et que les chefs des peuples seuls ont eu le privilége d'être représentés dans des monumens. La Bible nous dit : « Et ils le transportèrent du char » où il était dans un autre qui le suivait, *suivant la cou-* » *tume des rois.* »

Du reste, les historiens distinguent parfaitement les cavaliers et les chariots. Diodore, entre autres, nous en donne plusieurs fois la preuve. « Quand Sésostris ras- » sembla sa gigantesque armée pour la conquête de la » terre, il réunit, dit-il, six cent mille hommes de pied, » vingt-quatre mille chevaux et vingt-sept mille chariots » de guerre. » On lit aussi, en termes exprès, dans l'E- criture : « *Hi in curribus et hi in equis.* »

Tandis que de vastes arénes se dessinaient à l'ombre des grands sphinx, autour des pyramides ou du colosse de Memnon ; tandis que les quatre cent mille soldats de l'Egypte perfectionnaient chaque jour l'art de lancer un char dans la carrière, de l'arrêter court ou de le faire tourner autour des obélisques sans effleurer leur pied de marbre ; tandis que les cavaliers s'exerçaient à régler les mouvemens dociles d'un ou plusieurs chevaux lancés au galop sur la plaine sans horizon, les autres nations de l'Orient ne restaient pas en arrière.

Les Assyriens, les Babyloniens, et après eux les Mèdes et les Persans furent des peuples fiers et guerriers. Nous avons vu que Nemrod était tout à la fois chasseur et guerrier. L'usage du cheval attelé et monté fut familier à Babylone, en Médie et en Perse. La Chaldée fut comme l'Égypte un des berceaux des arts et des sciences. On y cultiva les sciences, l'agriculture, l'art de la guerre. La chasse était aussi dans les mœurs de ces pays ; le soin et la connaissance du cheval en étaient la conséquence nécessaire. Une curieuse remarque que nous fournit M. Eusèbe de Salverte, sur la composition des noms propres, peut nous faire apprécier l'importance du rôle que le cheval joue chez les peuples de toutes ces contrées. « Dans les vastes régions qui s'étendent, dit-il, du nord » de la Bactriane aux confins de l'Assyrie, le mot *Asp* » dominait jadis dans les noms propres d'hommes, de » peuples et de lieux. Cette observation s'applique au » nom des ancêtres de Zoroastre et à ceux de ses » contemporains du Bas-Empire, jusqu'au jour où les » guerriers de l'islamisme vinrent changer la religion de » ces peuples, leur état politique, leurs usages et jusqu'à » leurs noms. *Aspo* en zend, *asp* en persan, signifient » *cheval* : quoi de plus naturel que de voir ce nom entrer » fréquemment dans la composition des noms, chez des » nations belliqueuses parmi lesquelles le guerrier est » pour ainsi dire inséparable de son cheval. En voici » quelques exemples : Hydaspe, Choaspe, fleuves ; Za- » riaspe, ancien nom de la capitale de la Bactriane ; As- » padan, ancien nom d'Ispahan ; Gorochasp, Hetchidasp,

» Pétérasp, père et ancêtres de Zoroastre ; Gustasp, roi ;
» Hystaspe, père de Darius ; Ariaspe, fils d'Artaxerce-
» Memnon ; Sythes Aspasiaques, près de l'Oxus ; Aspé-
» bade, aïeul maternel de Cosroës ; Amasaspe, Perse-
» Arménien, mis à mort sans jugement par ordre de
» Justinien ; Aspiète, Arménien de la race des Arsacides ;
» enfin, ce nom dont la fausse interprétation avait fait
» rejeter parmi les êtres fabuleux les hommes qui le por-
» taient, le nom des Arismaspes. »

Dans l'ancienne Arménie, le chef des cavaliers était
appelé Asbied de *Asp, cheval ;* c'était le titre de la plus
haute noblesse : on ne le donna d'abord qu'au comman-
dant en chef des armées ; il devint peu à peu commun à
tous les grands officiers de la couronne. On verra plus
loin qu'il en fut de même chez un grand nombre d'autres
nations, tant anciennes que modernes·

Après Nemrod ou Bélus, parurent Ninus, le vainqueur
des Indes ; Sémiramis, cette femme gigantesque, qui laissait tomber de ses mains les merveilles et les victoires,
qui ajoutait l'Egypte, l'Ethiopie, la Lybie aux conquêtes
de Ninus et ornait Babylone de ces monumens colossaux,
de ces jardins magiques, de ces fortes murailles, qui,
couchées dans la poussière, effrayaient encore l'imagination des soldats d'Alexandre ; Sardanapale, dont la vie
voluptueuse résume les habitudes douces et faciles que
l'homme peut se faire sous le plus beau ciel et sur le sol
le plus fertile du monde ; Nabonassar, qui data une ère ;
Nabuchódonosor, dont l'Ecriture a peint l'horrible méta-
morphose ; enfin, Balthazar, qui vit la main de Dieu
écrire sur la muraille de la salle de ses festins.

Qui nous dira la destinée de la race équestre parmi toute cette gloire et toute cette volupté ? Oh ! sans doute, ces hommes qui avaient reculé toutes les bornes des plaisirs, ne négligèrent pas de rendre le cheval complice de tous leurs amours. La gloire hippique, cette suprême volupté des grands cœurs, n'était point étrangère à ceux-là qui les épuisaient toutes. Du reste, nos conjectures n'ont rien d'aventuré, puisqu'au rapport d'Hérodote, les rois de Babylone entretenaient un haras de soixante mille jumens et de huit cents étalons.

Nous savons que Sémiramis aimait passionnément les chevaux, et qu'elle soignait elle-même de ses mains un coursier favori. Ninus assembla, pour soumettre la Bactriane, une armée qui se montait à dix-sept cent mille hommes d'infanterie, deux cent dix mille de cavalerie et près de mille sept cents chariots armés de faulx.

Le règne de Ninus, en suivant la supputation d'Hérodote, doit se rencontrer avec le gouvernement de la prophétesse Débora, 514 ans avant Rome, 1267 ans avant J.-C., c'est-à-dire qu'il est antérieur à la ruine de Troie au moins de 80 ans.

Cyrus réunit à la Perse, qui jusqu'à lui avait eu peu d'importance, les royaumes d'Assyrie, de Médie et plus tard l'Egypte et l'Arabie ; il se créa le plus grand royaume qui eut jamais existé dans le monde. Jusqu'à lui, les Persans, proprement dits, avaient été peu célèbres par leurs chevaux ; mais, sous un roi guerrier, et qui par conséquent aimait les nobles exercices du cheval, le cheval devint pour eux un objet de nécessité et presque de culte. Cyrus imprima un mouvement puissant à l'élève du glorieux animal, dont la race se multiplia bientôt à l'infini. Chacun eut son cheval, même parmi les classes les plus pauvres. Cyrus avait rendu un décret d'après lequel tout Persan possédant un cheval et rencontré marchant à pied, hors de chez lui, devait être ignominieusement blâmé. Par les dispositions de ce prince, l'équitation devint une des branches les plus importantes de l'éducation de la jeunesse, pour laquelle on sait que Cyrus fit de si sages règlemens. Dans son empire, on commençait à mettre les enfans à cheval dès l'âge de cinq ans. Il était lui-même le premier écuyer de son temps, comme il en était le plus grand cœur. Il exerçait à la chasse et à la course ses chevaux de guerre. Nous verrons plus tard Salomon, Alexandre et Charlemagne en faire autant.

L'origine de la poste aux chevaux remonte à l'époque de Cyrus. Ce fut lui qui en établit l'usage. Il fit observer la distance qu'un cheval pouvait, sans s'épuiser, parcourir tout d'une traite, et il mesura ses relais sur cette distance. A chaque relais, il fit établir une bonne écurie, pourvue d'un certain nombre de chevaux et de gens chargés de les soigner, sous la direction d'un chef choisi parmi les hommes les plus sûrs et les plus intelligens.

L'histoire rapporte que ce fut surtout pendant la guerre qu'il fit aux Assyriens, que Cyrus découvrit le mérite d'une bonne cavalerie, alors que les Mèdes lui furent d'un si puissant secours, principalement dans la poursuite de l'ennemi. Il fit prendre à l'instant même les chevaux *braves et frais* des vaincus, les fit monter à ses soldats les plus alertes et en forma un corps de cavalerie. Plus tard, ce noyau s'augmenta de nouvelles recrues, et peu d'années après, par les encouragemens et le zèle de

Cyrus, la Perse possédait la meilleure cavalerie du monde.

L'eunuque Padate, dont il avait protégé les États, lui offrit des présens considérables, parmi lesquels figuraient de magnifiques chevaux de tout genre, les uns provenant des remontes de la cavalerie, les autres des propres haras de son allié. Cyrus refusa tous les autres présens; mais il accepta les chevaux. « Car rien ne me vient plus
» à propos, dit-il, pour former une cavalerie que je veux
» élever à dix mille hommes ; je veux la compléter toute
» entière de Persans, et la fournir de bons chevaux bien
» exercés. Ceux que vous m'offrez étant tous de premier
» mérite et dressés au service de guerre, je les accepte de
» bon cœur. »

Plus tard, la cavalerie de Cyrus monta au delà de quarante mille hommes, et il fut en état de faire bientôt lui-même des présens de chevaux à ses alliés.

Lorsque Cyrus mourut, il fut enseveli dans un cercueil d'or massif. On mit sur son tombeau :

JE SUIS CYRUS, FILS DE CAMBYSE,
LE FONDATEUR DE L'EMPIRE DES PERSES,
LE MAITRE DE L'ASIE;
NE M'ENVIE POINT LE MONUMENT OU REPOSENT MES OS.

Tous les mois, les Perses immolaient sur ce tombeau leur plus précieuse victime, celle dont ils savaient que l'hommage pouvait être le plus doux à l'illustre guerrier; ils lui offraient leur ami, leur compagnon et le sien, — un cheval !

Une nation si éminemment hippique devait regarder le cheval comme une espèce de divinité, et lui accorder, par conséquent, les honneurs dus à la puissance intelligente. Et aussi le chargea-t-elle un jour de désigner l'hé-

ritier des rois. Sous le nom du frère de Cambyse, un
Mage avait usurpé la couronne de Perse. Un faux Smerdis
régnait insolemment, depuis sept mois, non par le crime
de l'épée ou du génie, que l'histoire pardonne, mais par
celui de l'imposture, qu'elle bafoue. Les puissans de l'empire se révoltèrent; ils renversèrent le roi de théâtre,
qui fut tué par le fils d'Hystaspe, Darius, de la famille
des Achéménides. Il fallut alors choisir un maître; on
convint de s'en rapporter au jugement des dieux. Sept
des principaux conjurés étaient sur les rangs. On décida
qu'ils se rendraient à cheval, au lever du soleil, dans un
lieu désigné, et que celui dont le coursier saluerait le
premier l'astre du jour de ses hennissemens, serait élu
roi. On sait que le soleil était la grande divinité des Perses. Le cheval de Darius hennit le premier, et donna à
à son cavalier le sceptre du monde. On rapporte toutefois que le succès de Darius ne fut dû qu'à la ruse d'un
de ses écuyers, qui, la veille, avait conduit au rendez-
vous le cheval de son maître, en compagnie d'une cavale
dont le souvenir avait provoqué le précieux hennissement. Quoi qu'il en soit, le fils d'Hystaspe, qui se faisait
appeler, dans les inscriptions, le meilleur et le mieux
fait des hommes, fit élever une statue en l'honneur du
cheval auquel il devait l'empire. On lisait au bas cette
curieuse légende : que Darius avait conquis le royaume de
Perse par le mérite de son cheval et l'adresse de son
écuyer.

Chaque année, Darius recevait des Ciliciens un tribut
de trois cent soixante chevaux blancs.

Nous avons vu que lors de l'expédition de Xerxès, en
Grèce, il n'y avait qu'un petit nombre de chevaux dans

sa gigantesque armée ; mais le char de Jupiter était traîné par huit chevaux blancs, élevés dans le champ de Nysée.

La mythologie persanne a consacré aussi le cheval dans ses poétiques allégories. Lors de la guerre des dieux et des géans, Siamekschah, fils de Caïmmarath, montait le terrible *Rasche*, et Sam-Nériman, fils de Cahaman-Catel, après avoir dompté *Soham*, dragon à tête de cheval, s'en servit comme d'un coursier de bataille.

Les Persans immolaient des chevaux au soleil, divinisé sous le nom de Mithra. Un poète, dans Lactance, en donne pour raison qu'il ne convenait pas qu'un dieu si rapide dans sa course, eût une victime moins légère que le cheval.

Placat Equo Persis radiis Hyperiona cinctum,
Ne detur celeri victima tarda deo.

Les premières courses de chars, dont l'histoire fasse mention, se célébraient aux fêtes de Mithra et se répandirent probablement avec ces fêtes par tout l'univers. On sait, en effet, que le culte du soleil fut la religion la plus générale de l'ancien monde, et que ce culte pénétra même chez les Hébreux. Nous lisons, au second livre des Rois : que Josiah enleva les chevaux que les rois de Juda avaient donnés au soleil, et brûla les chariots.

Plus tard, Alexandre, vainqueur des Persans, reçut de leurs mains un cheval, qu'il regarda comme le plus beau trophée de sa victoire.

Les chevaux persans furent les plus célèbres de toute l'antiquité, pour la beauté des formes, la grâce, l'énergie, et toutes les rares qualités qui distinguent si éminemment les chevaux d'Orient.

Les plus anciens historiens les représentent comme surpassant tous les autres, par la fierté et la grâce de leur port et par la douceur de leurs mouvemens. Ils étaient assis sur leurs hanches, légers du devant, et leur cou de cygne portait une tête élégante qui se balançait gracieusement dans l'air et se courbait en arc jusque sur la poitrine. Souples et lians, ils volaient et s'arrêtaient court ; leurs allures étaient cadencées et leur vitesse prodigieuse.

Athenaüs et Xénophon blâment les Perses d'avoir couvert leurs chevaux de housses et de tapis, « en préférant » l'agrément d'être assis mollement sur leurs chevaux à » l'honneur de se montrer hardis et légers cavaliers, » comme les Parthes et les autres nations vigoureuses » qui les entouraient. » Ce reproche nous paraît peu fondé, à l'égard d'une nation si universellement renommée pour ses habitudes équestres. L'art de l'équitation ne se borne pas à s'élancer bravement sur un coursier libre de frein et de harnais, c'est là de l'audace et voilà tout ; il consiste à connaître et à pratiquer les moyens de tirer le meilleur parti possible de l'utile animal, destiné à joindre son existence à la nôtre pour la doubler et l'embellir.

Plusieurs peuples anciens, et même quelques peuplades modernes, ne se sont jamais servi de selles ni de brides, et n'ont jamais employé que le secours de la voix ou celui d'une baguette pour diriger leurs chevaux ; mais, si ce mode d'équitation prouve une perfection bien grande dans l'art de dresser les chevaux, il faut avouer qu'il ré-

pond peu aux besoins et aux habitudes des peuples civilisés.

Dans l'Arménie et la Médie, les chevaux étaient d'une
forte conformation, et très propres au tirage des chars. On
prétend que c'est de ce dernier pays que vient la plante appelée *médica*, cultivée particulièrement en Espagne. Cette
plante, originaire de Médie, en aurait conservé le nom.
Les anciens la regardaient comme très nourrissante et
très propre à restaurer un cheval faible et épuisé, et à lui
rendre instantanément l'embonpoint et la vigueur.

Les Parthes étaient renommés chez les anciens par
leur amour pour le cheval ; c'était un peuple guerrier et
qui, comme les modernes Tartares, ne combattait jamais
qu'à cheval. Dans les vastes déserts qui défendaient, du
côté de l'Occident, la frontière parthique, leurs phalanges se déroulaient rapides comme le Simoun, et dévo-
rantes comme lui.

Les chevaux des Parthes ressemblaient aux chevaux
persans ; ils les surpassaient même par leur élégance,
leur vigueur et surtout leur fond. Leur docilité était extrême, et jamais peuple n'a poussé aussi loin que les Parthes
la perfection du dressage. Admirables cavaliers, leur
nom dérive de l'hébraïco-phénicien *parash*, cheval ; ils
montaient à poil et sans bride. Leur adresse était telle,
leur empire sur leurs chevaux était si puissant, qu'ils
les dirigeaient à leur gré, par la seule puissance de la voix
ou la pression des jambes. Ils les lançaient contre l'ennemi, les arrêtaient court, fuyaient et revenaient à la
charge. Dans leur fuite, plus redoutables que dans l'attaque, ils lançaient par dessus l'épaule, les traits de leurs

terribles arcs. C'est de là qu'est venu le proverbe ancien : *fuir en Parthe*. Hérodote pensait que leur supériorité dans l'art de l'équitation n'était pas ancienne, parce que ceux d'entre eux qui suivirent l'expédition de Xerxès en Grèce étaient à pied. A cela nous répondrons que la nature même de cette expédition, les difficultés d'une route coupée par des montagnes et brisée par des mers, les années qu'il fallut pour réunir quatre millions d'hommes, devaient exclure l'emploi de la cavalerie. Aussi, la plupart des nations qui composèrent la grande armée de Xerxès, ne se servirent pas plus de chevaux que les Parthes, quelque renommées qu'elles fussent par leurs habitudes hippiques.

L'éducation du cheval et l'art de le dresser étaient poussés chez les Parthes à un haut degré de perfection. Cette perfection ne fut point chez eux, comme chez la plupart des peuples modernes, cherchée au moyen d'instrumens de tortures ou de fatigues prématurées. Leurs méthodes étaient aussi douces que rationnelles, et mériteraient d'être étudiées avec soin, même à notre époque. Ici, comme en bien d'autres choses, peut-être, devrions-nous nous contenter de nous maintenir à la hauteur des anciens, loin de prétendre les surpasser. En équitation, c'est déjà beaucoup que de ne pas être au dessous d'eux. Lorsqu'il s'agissait de dresser les poulains, ils les conduisaient dans un champ de terre unie, d'une petite étendue, coupé de lignes régulières. Les poulains y étaient exercés journellement ; leurs fautes étaient punies d'une légère correction. Ils acquéraient ainsi, en peu de temps et sans violence, l'habitude d'harmonier leurs allures, de lever les pieds gracieusement, de former des pas plus ou moins longs, suivant la nature du terrain, qualités précieuses et rares dans le cheval de route, que l'ancienne école française savait aussi admirablement développer.

Les Israélites avaient pris ou dû prendre en Egypte le goût et les habitudes de l'équitation ; cependant il ne paraît pas qu'ils s'y livrassent beaucoup pendant les quarante ans qu'ils errèrent dans le désert : ils y menaient la vie pastorale de leurs pères et n'y avaient avec eux qu'un petit nombre de chevaux.

Le cheval, d'ailleurs, a toujours été regardé chez tous les peuples comme le symbole de la guerre, et il a donné à tous ceux qui en ont fait usage une ardeur guerrière et une audace qui ont souvent dégénéré en orgueil et en tyrannie. *Equus paratur in dies belli.* C'est pourquoi Dieu ne voulait pas que son peuple eût de chevaux. On voit dans *Les Nombres* que les chariots offerts en présent au Seigneur par les princes d'Israël et les chefs des familles étaient attelés de bœufs ; c'était même un précepte de religion : « Quand vous serez entrés dans la » terre que le Seigneur, votre Dieu, vous donnera, que » vous la posséderez et que vous habiterez en elle, si » vous dites : J'établirai sur moi un roi, comme toutes » les nations qui nous environnent, vous prendrez celui » que le Seigneur votre Dieu aura choisi du nombre de » vos frères. Vous ne pourrez recevoir pour roi un homme » d'une autre nation et qui ne soit pas votre frère, et » lorsqu'il aura été établi roi, il ne multiplira point les » chevaux. » Il ne s'agit point ici de ne pas en avoir, mais de n'en avoir qu'une quantité bornée.

A cette époque, les puissans d'Israël ne montaient

que des ânes. Pour donner une haute idée d'Isaïe, l'un
des juges qui gouvernaient le peuple, l'Ecriture dit qu'il
avait trente fils, montés sur trente ânes, et chefs de trente
villes. Il est dit d'Abdon, un autre des juges, qu'il avait
quarante fils et trente petits-fils, montés sur soixante-dix
ânes, et, dans le cantique de Déborah, les chefs d'Israël
sont décrits montés sur des ânes polis et luisans

Architopus, voyant que son conseil n'avait pas été
suivi, « fit seller son âne et s'en alla en sa maison. »

Cependant tous les peuples de l'Idumée se servaient
alors de chars et de cavaliers. Lorsque les Israélites,
après avoir fui la servitude d'Egypte, vinrent prendre
possession de la terre promise, ils n'avaient point de cavalerie, et ils avaient affaire aux peuples guerriers des
villes de Syrie ; aussi Dieu leur dit-il : « Lorsque vous
» sortirez pour combattre vos ennemis et que vous ver-
» rez leur cavalerie et leurs chars et une armée plus
» nombreuse que la vôtre, vous ne craindrez point, parce
» que le Seigneur votre Dieu, qui vous a tirés d'Egypte,
» est avec vous. »

Plus tard, les rois vinrent attaquer Israël. « Lorsque
» Jabin, roi d'Absor, eut ouï toutes ces choses, il envoya
» à Jobat, roi de Madon, au roi de Seméron, au roi
» d'Achsap, et aux rois de l'Anquilon, qui habitaient les
» montagnes et la plaine vers le midi de Généroth, et
» dans les campagnes et dans le pays de Dor, auprès de
» la mer, et vers le Chananéen, en Orient et en Occi-
» dent, et vers l'Amorrhéen, l'Hethéen, le Phérézéen, le
» Jébuséen, qui habitaient les montagnes, et vers l'Hé-
» véen, qui habitait sous l'Hermon, vers la terre de
» Masphia. Et ils sortirent tous avec leurs troupes, peu-

» ple aussi nombreux que le sable qui est sur le rivage
» de la mer, et avec une grande multitude de chevaux et
» de chars. Et tous ces rois s'assemblèrent aux eaux de
» Mérom pour combattre contre Israël, et le Seigneur dit
» à Josué : Ne les crains point, car demain à cette même
» place, je les livrerai tous pour être frappés en présence
» d'Israël : tu couperas les nerfs de leurs chevaux et tu
» briseras leurs chars. Et Josué vint contre eux, et
» toute l'armée avec lui, vers les eaux de Mérom, et ils
» se précipitèrent sur eux. Et le Seigneur les livra aux
» mains d'Israël ; ils les frappèrent et les poursuivirent
» jusqu'à la grande Sidor et jusqu'aux eaux de mer, le
» Rephoth, et jusqu'au champ de Masphé, qui est vers
» l'Orient ; et il les frappa en sorte qu'il n'en resta pas
» un seul ; et il fit comme le Seigneur lui avait com-
» mandé ; il coupa les nerfs de leurs chevaux et brisa
» leurs chars. »

C'était sans doute la coutume à cette époque, quand
on n'avait pas besoin des chevaux des vaincus de les rendre incapables de service. C'est ce que l'on voit plusieurs
fois répété dans l'Écriture. « David ayant pris dans une
» bataille mille sept cents cavaliers et vingt mille fantas-
» sins, coupa les nerfs des chevaux des chars et n'en
» réserva que pour cent chariots. »

L'Écriture cite quelques-unes des nations de l'Orient
les plus célèbres par leurs chevaux :

« Les Ammonites, voyant qu'ils avaient offensé David,
» envoyèrent mille talents d'argent pour acheter des
» chars et rassembler des cavaliers dans la Mésopotamie,
» dans la Syrie, en Maacha, et dans Sora.

» Ils réunirent donc trente-deux mille chars et le roi

» de Maacha et ses sujets avec eux, et s'étant mis en
» marche, ils vinrent camper vis-à-vis de Médaba, et les
» Ammonites s'étant aussi assemblés de toutes leurs villes
» se préparèrent au combat. »

A l'époque de David, l'usage du cheval était devenu
un besoin impérieux pour le peuple d'Israël, soit que
l'exemple des nations voisines, l'habitude de demeurer
dans les villes, la mollesse à laquelle invite si puissamment le climat de l'Orient, eussent fait apprécier les avan-
tages de l'équitation. Toujours est il que chaque homme,
à cette époque, n'allait qu'à cheval. C'est ce qui expli-
que cette prodigieuse facilité avec laquelle non seulement les rois, les princes, les généraux, mais encore les
simples particuliers s'environnaient à chaque occasion de
chars et de cavaliers. « Après cela, Absalon prit des chars
» et des cavaliers et cinquante hommes qui le précé-
daient. »

« Adonias, fils d'Aggith, se leva, disant : Moi, je ré-
» gnerai ; et il assembla des chars et des cavaliers et
» cinquante hommes pour courir devant lui. »

Les Hébreux plaçaient haut dans leur sagesse la douceur envers les serviteurs de l'homme, et un des plus
beaux titres qu'ils donnaient à leurs saints était celui
d'homme bon envers les animaux.

Cependant l'ère brillante du royaume de Juda approchait : le règne de Salomon fut la grande époque de la
nation juive. Outre l'édification du temple de Dieu, ce
roi, que la postérité a nommé le Sage, bâtit des villes,
éleva des édifices, et surpassa tous les rois du monde en
puissance et en sagesse. Tant d'éclat devait rejaillir sur
la race chevaline. Il paraît que Salomon aimait passion-

nément les chevaux : « Ma bien-aimée, je vous compare à
» la beauté de mes cavales, » disait-il dans le Cantique
des cantiques. Aussi, parmi les présens que lui faisaient
tous les ans les rois de la terre, parmi les vases d'argent,
les vêtemens, les armes, les parfums, on n'oubliait pas
les chevaux. Il en achetait lui-même à l'Egypte, aux rois
d'Ethiopie et de Syrie. Beaucoup de marchands allaient
en chercher à Coa et venaient les lui revendre. On lui
amenait quatre chevaux d'Egypte pour six cents sicles
d'argent. Il avait quatre mille écuries seulement pour les
chevaux de ses chars !

On lit dans le Coran que Salomon exerçant un jour ses
chevaux et l'heure de la prière du soir étant venue, il ne
voulut pas permettre que l'on prit le temps de les mettre
à l'écurie, et les abandonna comme n'ayant plus de maîtres et destinés au service de Dieu. Ce fut alors que
Dieu, pour le récompenser, lui accorda un vent doux et
agréable, mais fort, qui lui servit de monture dans la
suite et le porta partout où il voulut aller. Cependant l'a-
mour de l'équitation l'emporta un jour dans son âme
sur son devoir, car on lit encore dans un commentaire
de Zamchascar : « Salomon, assis sur son trône, voyait
» courir des chevaux excellens qu'on lui avait amenés ;
» la course dura jusqu'au coucher du soleil. Il oublia de
» faire la prière du soir, et se punit de cette négligence
» en faisant immoler une partie de ces superbes cour-
» siers. »

Parmi les rois juifs les plus cavaliers, l'histoire cite
encore Azarias, vainqueur des Philistins. Ses écuries
étaient remplies d'excellens et magnifiques coursiers. Il
les exerçait lui-même à tous les jeux alors en usage et

accordait de grandes récompenses à ceux qui se distinguaient dans l'art de l'équitation.

Les guerres continuelles qu'eurent à soutenir les Juifs,
et les diverses périodes de captivité qu'ils subirent ne
leur permirent pas dans la suite d'avoir un grand nombre de chevaux. Vers la fin de leur empire, un des serviteurs du roi lui dit : « Il y a encore cinq chevaux qui
» sont seuls de ce grand nombre qui était dans Israël,
» tous les autres ayant été mangés. »

Lorsque le dernier jour de la Judée vint à sonner,
lorsque Titus vint assiéger la ville coupable, il ne se
trouva plus un cheval de bataille pour défendre la porte
de Jérusalem, et la nation juive fut rayée des peuples de
la terre.

CHAPITRE IV

Ce fut dans ces beaux lieux que dominent l'Olympe, le Parnasse et le Taygète, où coulent le Pénée, l'Ilyssus et l'Eurotas ombragé par ses lauriers roses que, des récits décolorés des jours de l'Eden, les poètes créèrent la riante mythologie. Premiers héritiers de la civilisation orientale, dans un climat doux et sur un sol fertile, passionnés pour la gloire et les jeux guerriers, les Grecs élevèrent le cheval aux plus grands honneurs : ils donnèrent son nom à leurs héros et à leurs dieux, et, dans la fable des centaures, ils lui prêtèrent la vie et les passions des hommes. Mais ce n'était point assez pour l'honneur du cheval : il fallait encore l'associer aux dieux, le rendre immortel comme les dieux eux-mêmes. Inférieur à l'homme, mais supérieur à tout le reste de la création, le cheval fut un des féconds et légitimes objets des riantes fictions de la Grèce. Il se prêta à toutes les allégories, à toutes les figures dont le caprice des poètes et la puissante imagination des hommes de ces temps voulurent le rendre l'objet.

De même que chez tous les autres peuples, le cheval était chez les Grecs l'emblème de la guerre. Neptune, symbole de ces chefs errants, venus des marais d'Egypte ou des coteaux de la Syrie, attacher leurs barques vagabondes aux lieux où fut plus tard le Pyrée, se disputait avec Minerve, symbole de la civilisation, qui bâtit des villes et cultiva les champs, à qui donnerait son nom à la ville de Cécrops. Neptune frappa la terre de son trident et fit naître le cheval :

..... Tuque, ô qui prima frementem
Fudit equum magno tellus percussa tridenti.

Minerve à son tour fit naître l'olivier, dont les fruits, objet d'un commerce considérable entre les nations, en font un signe de paix et d'union. Le don de Minerve fut préféré par les pères de Miltiade et de Périclès. Minerve eut la gloire de devenir la patronne d'Athènes. Le cheval que fit naître Neptune s'appelait Arion. Les poètes l'attelèrent quelquefois au char de Neptune. Ce dieu en fit présent à Hercule, qui le montait quand il prit la ville d'Elide et lorsqu'il combattit Cygnus. Les dieux le donnèrent ensuite à Adraste, à qui il fit gagner le prix de la course aux jeux néméens, et dont il sauva la vie au siége de Thèbes. Arion avait les pieds de devant d'un homme et l'usage de la parole, *Vocalis Arion*. Neptune est appelé par les poètes : *Dameus*, dompteur, et *Hippius*, cavalier. On célébrait en son honneur, chez les Arcadiens, des fêtes nommées *Hippocraties*. Les chevaux, pendant ces fêtes, étaient exempts de tout travail, et on les promenait par les villes et les campagnes, ornés de guirlandes et de superbes harnais. On immolait des chevaux sur les autels de Neptune et en mémoire de ce dieu. Les peuples en offraient en sacrifice à la mer. Mithridate y fit précipiter des chariots à quatre chevaux, et Pompée, après une victoire, y fit jeter un superbe coursier. On cherchait aussi par de pareils sacrifices à se rendre favorables les divinités des fleuves. Xerxès en offrit au Strymon avant de le traverser pour entrer en Grèce ; Tiridate en offrit à l'Euphrate. Quelquefois on se bornait à lâcher dans les prairies baignées par les eaux des fleuves les chevaux qui leur étaient dévoués. César, avant de passer le Rubicon, offre à son humide dieu un grand nombre de chevaux qu'il abandonna sur ses rives. Cette coutume était connue du temps d'Homère, qui fait dire à Achille, en parlant du Xante : « Ce fleuve même, malgré l'immense » et rapide cours de son onde argentée, ne pourra vous » dérober au trépas ; c'est en vain que vous lui sacrifiez » tant de taureaux, et que de vigoureux coursiers, victimes vivantes, sont engloutis dans ses abîmes. »

Le cheval est lié à l'histoire de Neptune, depuis sa naissance. On sait que la mère de ce dieu présenta à Saturne un poulain à dévorer à sa place ; on sait aussi qu'il affectionnait la forme chevaline dans ses transformations.

On se demande si vraiment un prince de ce nom avait développé la science hippique dans les temps inconnus de l'histoire de la Grèce, ou si l'idée du cheval obéissant à la main habile du cavalier avait un rapport allégorique avec celle du vaisseau sous la main du pilote.

Les Phéniciens de Gadès donnaient la figure d'un cheval à la proue de leurs bâtimens. Κέλης signifie également un vaisseau léger et un cheval de course, tant les idées de la navigation et de l'équitation se confondaient dans la langue des Grecs. Pamphus, poète plus ancien qu'Homère, dit que Neptune fit présent aux hommes du cheval et de ces tours flottantes appelées vaisseaux. C'est pourquoi le cheval était à la fois le symbole de la navigation et en même temps l'emblème particulier de la guerre. Il est remarquable que le cheval ait donné son nom au dieu des combats, le terrible Mars. Dans une des plus anciennes langues du monde, qui vit encore en quelques contrées celtiques de l'Europe, le mot *marc'h* signifie cheval. Ce nom fut aussi celui d'un des premiers habitans de l'Ausonie, que d'anciens auteurs représentent sous la figure des Centaures, c'est-à-dire réunissant au corps du cheval celui de l'homme. On consacrait des chevaux sur les autels de Mars, et la vue d'un cheval était le présage de la guerre. Enée aborde aux champs de Lavinie ; il aperçoit quatre chevaux blancs : « Oh ! » terre étrangère, s'écrie le vieil Anchise, tu nous promets la guerre. »

Les dieux, dit Homère, entretenaient dans l'Olympe une race divine de chevaux ; ils les soignaient de leurs propres mains ; ils les nourrissaient d'ambroisie ; ils les attelaient eux-mêmes aux chars qui servaient à les porter, à travers les airs, d'un bout de la terre à l'autre.

« Junon, déesse vénérable et fille du grand Saturne,
» s'empresse elle-même à couvrir les coursiers de har-
» nais d'or...... Impétueuse et ne désirant que le car-
» nage, elle conduit les prompts coursiers sous le joug...
» Elle les presse du fouet... Arrivée devant Troie, là où
» le Simoïs et le Scamandre confondent leurs eaux, Ju-
» non arrête ses coursiers, les détache du char, les envi-
» ronne d'un épais nuage, et le Simoïs fait naître pour
» leur pâture une divine ambroisie. »

« Jupiter attache à son char les coursiers volans,
» aux pieds d'airain, et brillans de l'or de leurs crinières...
» il anime les coursiers qui, pleins d'ardeur, prennent
» un vol agile entre la terre et le ciel étoilé ; il touche à
» l'Ida et arrive au sommet du Gargare. Là, le père des
» dieux et des hommes arrête les coursiers, les détache
» du char et les environne d'un épais nuage. »

« Neptune, allant au secours des Grecs, conduit
» sous le joug les coursiers au pied d'airain et au vol
» impétueux ; arrivé près de Ténédos, il les arrête, les
» détache du char, leur présente la divine ambroisie et
» environne leurs pieds d'entraves d'or qu'on ne peut
» rompre. »

Le plus beau surnom des dieux antiques fut celui qu'ils empruntèrent au cheval. Minerve était appelée *Hippia*, soit parce que quelques poètes lui avaient donné Neptune pour père, soit parce que dans le combat des dieux et des géans Minerve avait poussé son cheval contre Encelade. On lui donnait aussi le nom d'*Hippolétis*, à cause de la ville d'Hippola, où elle était honorée.

Mars, comme Neptune, fut appelé *Hippios* ; celui-ci

portait aussi les surnoms d'*Hippocomios*, d'*Hippo-drome*, de *Dameus*.

Hercule était appelé *Hippoctonus*, pour avoir tué les chevaux furieux de Diomède, et *Hippodète*, pour avoir attaché les chevaux des Orchoméniens à la queue les uns des autres.

Eole, dieu des vents, était appelé *Hippodatès*, soit à cause de la rapidité des vents, soit parce qu'il était petit-fils d'Hippotès.

Les Scythes adoraient le dieu Mars, et les Macédoniens le soleil, sous la figure d'un cheval.

Diane, la triple déesse, était représentée avec une tête de cheval, une tête de femme et une tête de chien. Avec une tête de cheval, c'était la déesse de la terre, dont le cheval est le plus utile animal ; avec une tête de femme, la déesse du ciel, dont la beauté de la femme est le délicieux emblème ; avec une tête de chien, la déesse des enfers ; car la fidélité du chien garde cette porte fatale qui ne s'ouvre que d'un côté.

Les Grecs avaient aussi une déité, la déesse Hippona, qui présidait aux chevaux et aux écuries. On célébrait sa fête en promenant des chevaux autour de ses autels.

Ces dieux, qui ne croyaient pas s'abaisser en soignant et maniant eux-mêmes leurs coursiers, en prenant leurs noms, en se revêtant de leurs formes, en leur prêtant leur immortalité, les regardaient aussi comme le plus beau présent qu'ils pussent faire aux hommes. Jupiter, pour consoler Tros de la perte de son fils Ganymède, lui fit présent de chevaux qu'on regardait comme les meilleurs coursiers qui fussent sous le soleil. Ces chevaux passérent de Tros à Laomédon. Hercule les lui demanda pour la délivrance d'Hésione ; mais après que le héros eut tué le monstre marin qui allait dévorer la jeune fille, Laomédon lui refusa ce prix de sa vaillance. Hercule, justement irrité, renversa les murs de Troie et incendia la ville. Anchise, à l'insu de Laomédon, avait conduit ses cavales à ces chevaux divins. Il en naquit dans son palais six chevaux, dont il retint quatre, qu'il nourrit avec soin. Il donna à son fils les deux autres, qui *semaient l'épouvante dans les combats.*

Les dieux, assistant aux noces de Thétis et de Pélée, donnèrent à celui-ci deux superbes coursiers, Xantos et Ballios. Ces coursiers étaient immortels et fils du Zéphyr et de la harpie Podarge « *paissant au bord de la mer.* » Pélée les donna à son fils Achille, lorsqu'il partit pour la guerre de Troie. Ballios vient du mot grec βαλιος branche de palmier. Il signifie un cheval de *couleur foncée, marqué de blanc.* Baillet, après quatre mille ans, est encore le nom favori que les hommes des campagnes donnent à leurs chevaux. Xanthos était aussi un nom de couleur. Ξανθος veut dire *roux.* Achille avait encore un autre cheval renommé, le fameux Pédase, qu'il avait eu au sac de Thèbes. Ce coursier, né d'une race mortelle, était digne d'être comparé aux coursiers immortels. Pédase fut tué par Sarpédon, dans le combat de ce héros avec Patrocle.

Les chevaux d'Achille étaient doués d'un entendement humain ; lors de la mort de Patrocle, ils furent accablés d'une morne tristesse : « Cependant les divins coursiers » d'Achille se tenaient à l'écart et pleuraient leur con- » ducteur, depuis l'instant où ils s'étaient aperçus qu'il

» avait été renversé dans la poussière par la main san-
» glante d'Hector. Le fils de Dior, Automédon, plein de
» vigueur, les pressait vainement du fouet retentissant ;
» en vain il leur adressait tour à tour des prières et des
» menaces : ils ne voulaient ni se rendre vers la rive de
» l'Hellespont, ni retourner au combat ; mais tels que les
» colonnes inébranlables érigées sur le tombeau d'un
» homme ou d'une femme célèbre, victime de la parque,
» ils demeuraient immobiles devant le superbe char, la
» tête penchée vers la terre, regrettant la main qui avait
» tenu leurs rênes, plongés dans une morne consterna-
» tion ; des larmes roulaient de leurs paupières sur le
» sable ; leur crinière brillante, éparse sur le timon, se
» souillait dans la poussière. Jupiter voit leur douleur et
» leur accorde quelque compassion. Agitant sa tête au-
» guste : Malheureux ! dit-il en lui-même, pourquoi faut-
» il que nous vous ayons donnés à Pélée, à un simple
» mortel, vous qui êtes exempts de la vieillesse et du tré-
» pas ? Etait-ce pour vous faire partager les maux de la
» race humaine, race plus infortunée que tout ce qui res-
» pire ou rampe sur la terre ? Mais je ne permettrai ja-
» mais qu'Hector soit porté sur le magnifique char
» d'Achille et conduise vos rênes : n'est-ce point assez
» qu'il possède ses armes et qu'il en triomphe avec audace ?
» Je vais vous donner une nouvelle légèreté et vous inspi-
» rer un nouveau courage pour ramener Automédon du
» milieu des périls, dans le camp ; car je veux que les
» Troyens soient encore victorieux et sèment le trépas
» jusqu'à ce qu'ils se rapprochent des vaisseaux et que
» le soleil ait disparu, remplacé par la nuit sacrée. Il dit
» et souffle un nouveau courage au cœur des divins cour-

» siers. Aussitôt, secouant la poussière qui couvrait leur
» crinière superbe, ils traînent rapidement le char au
» milieu des Troyens et des Grecs. Automédon, consterné
» de la perte de son compagnon, se précipite parmi les
» combattans, comme le vautour parmi les timides oi-
» seaux des prairies. »

Les dieux voulurent aussi leur accorder le don de la
parole : « Lorsque le fils de Pélée, l'impétueux Achille,
» se préparait à aller combattre le vaillant Hector et con-
» soler les mânes de son ami Patrocle, tué par le prince
» troyen, Automédon et Alcime attèlent à son char les
» immortels coursiers. De superbes courroies les unis-
» sent ; le mors blanchit dans leurs bouches écumantes ;
» les guides, ajustées avec art, les dirigent. Armé d'un
» fouet léger, souple, brillant, Automédon s'élance sur
» son char. Couvert de l'armure divine qui brille comme
» le soleil, le fils de Pélée prend place derrière son fidèle
» écuyer. Adressant la parole aux immortels coursiers
» que lui donna Pélée, son père :

» Xanthus et Ballius, leur dit-il, illustres enfans de
» Podarge, nous marchons au combat ; songez à dérober
» à la fureur des Troyens votre maître et votre guide
» rassassiés de carnage ; craignez de les laisser étendus
» sur la poussière, comme vous y laissâtes le corps san-
» glant de Patrocle, qui vous guidait dans les combats.

» Le rapide Xanthus, entendant ces paroles, incline sa
» tête altière, développe sa vaste crinière ; elle couvre le
» joug auquel il est attaché et s'étend jusqu'à terre. Ju-
» non lui communique le don de la parole :

» Valeureux fils de Pélée, dit-il, nous sauverons en ce
» jour et toi et ton écuyer ; mais le glaive de la mort est

» suspendu sur ta tête ; ne nous impute pas ton trépas.
» Jupiter et l'inexorable destinée en sont les seuls au-
» teurs. Ni le courage, ni la légèreté ne nous manquè-
» rent quand Patrocle fut dépouillé de son armure par
» les Troyens. Le zéphir, qu'on dit le plus léger des
» vents, n'égala point la rapidité de notre course ; mais
» un dieu plus puissant, Apollon, fils de Latone, perça
» Patrocle au milieu des héros de la Grèce et accrut la
» gloire d'Hector ; ainsi un dieu et un mortel réunis l'em-
» porteront sur toi. Tel est l'ordre du destin.

« » Il dit, et les furies étouffent sa voix. »

Les chevaux du Soleil étaient Erythoüs, le lever du
jour ; Actéon, le grand jour ; Lampos, le midi, et Philo-
geus, le tomber du soir ; d'autres poètes les ont appelés
Pyroël, Éoüs, Aëton et Phlégon.

Ovide, en chantant l'aventure de Phaëton, parle des
chevaux du Soleil ; il les fait atteler par les Heures, qui
les font sortir de l'écurie, où ils s'étaient rassassiés d'ambroisie.

Ceux de Pluton s'appelaient Orphénus, le ténébreux ;
Aëton, l'aigle ; Nyctéus, le nocturne, et Alastor, le fa-
tigué.

Pégase, le cheval le plus célèbre de la Mythologie,
naquit du sang de Méduse. Il avait des ailes, et, dès qu'il
eut vu le jour, il s'élança sur le mont Hélicon. Il frappa
la terre, et l'eau jaillit : — La fontaine Hippocrène (fontaine du cheval), dont la liqueur enivre comme le nectar,
s'ouvrit sous son pied. Πηγη signifie aussi fontaine ou
source ; Pégase fut donc le cheval de la fontaine, et l'Hippocrène, la fontaine du cheval.

Pégase fut dompté par Minerve, qui le donna à Bellérophon. Celui-ci s'en servit pour combattre la Chimère ; mais, ayant voulu profiter des ailes de son coursier pour s'élever au ciel, il fut précipité sur la terre, et Pégase continua sa route vers l'Olympe. Persée monta aussi Pégase, pour aller, à travers les airs, par delà la Mauritanie et les Hespérides, faire la guerre aux Gorgones. En revenant de cette expédition, il aperçut la belle Andromède, liée aux roches d'Ethiopie. Aidé de son divin coursier, il triompha du monstre qui allait la dévorer.

Pégase aimait à se jouer sur les poétiques sommets de l'Hélicon et du Parnasse. Abaissant ses ailes blanches, il paissait les herbes fleuries qui naissent sous les pas des muses et des grâces. Il appelait d'un hennissement joyeux les poëtes et les héros, et menaçait d'un pied dédaigneux les deshérités de la gloire.

On a cherché dans l'histoire de Pégase toutes sortes d'allégories ; pour nous, nous y verrons encore la preuve de l'admiration de l'antiquité pour le noble animal d'où procède tout honneur et toute gloire. L'antiquité a peint la poésie, cette fille du ciel, premier don de Dieu aux hommes, pour adoucir à leurs lèvres la coupe amère de la vie, sous l'emblème d'un coursier superbe et rapide. Le cheval sur le sommet de la montagne, embrassant sous un même regard le ciel qu'il approche et la terre qu'il domine, c'est le poëte contemplateur. Le cheval, parcourant l'espace avec la rapidité du vent, franchissant les ravins et les torrens, mordant de son ongle d'airain les rochers et les débris fumans, courbant à peine les tiges des fleurs en se jouant dans les prairies embaumées, c'est encore le poëte épandant les trésors de sa lyre.

Les ailes symboliques du cheval répondent à la pensée de sa prodigieuse vitesse, si souvent et si diversement exprimée par les poètes.

Mars attelait à son char deux coursiers : Démos, la crainte, et Phobos, la terreur. C'étaient ceux qu'il prêta un jour à la déesse de la beauté :

« Vénus va trouver le dieu de la guerre, dont un nuage » environnait la lance et les bouillans coursiers. Vénus » tombe aux genoux de son frère et lui demande avec » les plus vives instances ses coursiers brillans de tresses » d'or. »

Apollon avait nourri et soigné lui-même, sur les montagnes du Piéron, les coursiers d'Eumèle, fils de Phères, « rapides comme l'aigle ; ils avaient le même poil, le » même âge, la même taille. »

Le nom de Centaures fut donné aux premiers bergers de Thessalie, qui gardaient des troupeaux de bœufs près du mont Pélion. Il vient du grec κεντεῖν τοὺς ταύρους piquer les bœufs. On les appelait aussi Hippocentaures, parce que, suivant l'usage des premiers pasteurs, ils étaient toujours à cheval. Leur adresse à dompter les coursiers était prodigieuse et a donné lieu à cette allégorie qui les représente sous la forme d'un monstre, moitié homme et moitié cheval. Le genre de vie rude et guerrier qu'ils menaient leur avait donné la force du corps et la dextérité du bras. Leur aspect inspirait la terreur. L'importance de leurs occupations et les services qu'ils rendaient en élevant des coursiers de batailles, tout conspirait à les rendre redoutables. Alliés aux Lapithes, leurs noms sont confondus, chez les anciens, dans les mêmes récits :

Le Lapithe, monté sur ses monstres farouches,
A recevoir le frein accoutuma leurs bouches
Leur apprit à bondir, à cadencer leur pas,
Et gouverna leur fougue au milieu des combats.

Cependant les Lapithes semblent avoir été plus spécialement fantassins, tandis que les Centaures étaient plus spécialement cavaliers. Ils eurent entre eux de sanglans démêlés. Les Lapithes triomphèrent. Ils se vengèrent enfin de l'arrogance de ces hommes violens, pour qui rien n'était sacré, pas même le toit révéré de l'hospitalité. Hercule, Thésée, Nestor, Pirithoüs, en firent un grand carnage. Ceux qui périrent dans le combat furent enterrés dans un lieu appelé depuis Taphos, tombeau. Les principaux Centaures furent Eurytion, Hylée, Phocus, Ornadus, Nessus, qui, pour se venger d'Hercule, remit à Déjanire sa robe ensanglantée; enfin Chiron, le plus fameux de tous, qui semblait se distinguer de ses frères autant par ses talens et sa science que par sa douceur et l'urbanité de ses mœurs. Il fut le précepteur d'Hercule et d'Achille, ou du moins ce fut lui qui leur enseigna l'art de l'équitation et le soin des chevaux.

Les Centaures descendaient d'Ixion, dit la fable. Ixion était sans doute un des premiers princes de Thessalie qui firent faire le plus de progrès à l'art de l'équitation. Les Grecs ont orné de toutes les fleurs de la poésie la fable des Centaures. Leurs javelots étaient les arbres des forêts. Ils chargeaient leurs frondes de rochers déracinés. L'amour de la beauté enflammait leur âme et fut la cause de leur ruine. Ils trouvèrent des rivaux dans les guerriers de la Grèce, qui les accablèrent sous leurs traits. Les Centaures qui échappèrent au carnage s'enfuirent

dans les montagnes d'Arcadie, où Hercule les poursuivit ; mais Neptune ravit à sa fureur les restes mutilés
d'une race qui lui était chère. Ils se retirèrent paisible-
ment dans l'île des Syrènes, où bientôt, après avoir ré-
sisté aux traits des héros, ils périrent subjugués par les
voluptés. Le signe du Centaure, placé dans le zodiaque
par les anciens astronomes, est connu aujourd'hui sous
le nom de Sagittaire.

Castor et Pollux, ces deux jumeaux si célèbres par l'a-
mitié qui les unissait, ne l'étaient pas moins par leur talent dans l'art de l'équitation. Honorés sous le nom de
Dioscures, on leur éleva des statues et des temples. Un
grand nombre de médailles, sur lesquelles ils sont représentés à cheval ou tenant des chevaux près d'eux, attestent encore le culte qui leur était rendu. Castor surtout, surnommé le Dompteur, devint le protecteur des
hippodromes et des cirques. Les Romains lui élevèrent
un temple dans les environs du cirque. Son frère était
spécialement honoré par les athlètes :

> « *Castor gaudet equis, ovo prognatus eodem,*
> « *Pugnis……* »

Si Castor et Bellérophon passaient généralement, chez
les Grecs, pour avoir les premiers montré l'équitation
aux hommes, Erycthon, troisième roi d'Athènes, était regardé comme l'inventeur de l'art d'atteler les chevaux. Un
bas-relief de la frise du Parthénon le représente guidant
un attelage de deux coursiers. Delille a dit d'après Virgile :

> Erycthon le premier, par un effort sublime,
> Osa courber au joug quatre coursiers fougueux,
> Et porté sur un char, s'élancer avec eux.

Un autre Erycthon, fils de Dardanus et père de Tros, surnommé le plus opulent des hommes, avait un haras trois mille jumens et d'un pareil nombre de superbes poulains.

Tandis que les dieux et les héros ne dédaignaient pas de s'occuper eux-mêmes du cheval et de l'admettre dans leur familiarité, les hommes avaient l'habitude de l'associer dans leurs dangers et à leurs gloires, sinon à l'égal d'eux-mêmes, du moins comme un animal d'une nature supérieure, doué jusqu'à un certain point d'intelligence et de raison.

Homère, dans l'un des premiers chants de l'Iliade, ne craint pas de l'élever à la hauteur de ses chants et de le mettre de pair avec ses héros :

« Muse, dis-moi quel fut le plus vaillant soit des » hommes, soit des coursiers ? »

Lorsque l'orgueil des chefs consistait à avoir un grand nombre de chevaux : « Je n'ai point ici, dit à Enée, Pan- » darus, fils de Lycaon, je n'ai point ici mes coursiers et » mes chars, du haut desquels je pourrais combattre. » J'ai dans le palais de Lycaon douze chars d'une rare » beauté, près de chacun desquels deux coursiers, des- » tinés au même joug, mangent l'orge blanche et l'a- » voine ; je ne voulus point amener ici mes coursiers, » craignant qu'accoutumés à l'abondance, ils ne man- » quassent de pâture dans une ville assiégée. »

Dolon, avant d'aller reconnaître le camp des Grecs, demande en retour, après la victoire, les coursiers d'A- chille ; de même, plus tard, Ascagne promettra à Nisus le beau cheval de Turnus.

Phésus possédait de magnifiques coursiers : « Jamais,

» dit Dolon, je n'ai vu de coursiers plus beaux ni plus
» grands que les siens : plus blancs que la neige, ils
» égalent les vents dans leur course rapide. »

Nestor, racontant les prouesses de sa jeunesse, « en-
» leva, dit-il, les troupeaux du roi d'Elide, et parmi ces
» troupeaux cent cinquante cavales à la crinière dorée. »

La possession de chevaux était souvent l'occasion de
luttes acharnées et de combats sanglans.

« Iphite voyageait pour réclamer douze cavales qui
» l'emportaient par leur race, par leur force et leur lé-
» géreté, entreprise fatale qui le conduisit au tombeau.
» Ce mortel invincible, illustré par tant de hauts faits, le
» fils de Jupiter, Hercule, au mépris de la vengeance des
» dieux, de l'hospitalité sacrée et de la table où il l'avait
» fait asseoir, retint les jumens incompables dont il était le
» ravisseur, et lui ôta le jour par une insigne perfidie. »

Les plus illustres guerriers, les plus grands rois, tels
qu'Agamemnon, Achille, Nestor, Priam, soignaient eux-
mêmes leurs chevaux. Priam nourrissait dans son palais
les coursiers avec lesquels il fut redemander à Achille le
corps de son fils. Il possédait, en outre, de nombreux haras qui étaient confiés aux soins de ses enfans. Andromaque s'occupait des chevaux d'Hector avant de songer à lui.
Hector, s'adressant à ses coursiers, les encourage en ces
mots :

« Xanthos, Podarge, Eton, et toi, généreux Lampos,
» c'est maintenant que vous devez me payer de tous les
» soins que vous prodigue Andromaque, lorsqu'au re-
» tour des combats, elle vous présente le doux froment
» et prépare le vin dont vous vous abreuvez avant même
» qu'elle ne songe à moi, son jeune époux. »

Nausicaa attèle elle-même son char, et elle le dirige avec adresse dans la ville et sur les bords du fleuve, où elle rencontre Ulysse.

L'attention que réclament les chevaux et, en général, tous les animaux domestiques, la propreté qu'ils exigent dans tout ce qui les entoure, sont des principes reconnus de toute l'antiquité. Les Grecs nous en offrent le témoignage dans une de ces piquantes allégories qui donnent tant d'attrait aux ingénieux mystères de leurs poétiques traditions. Augias, roi d'Élide, passait pour négliger ses écuries. Sans doute la poussière mêlée de sueur dont ses coursiers revenaient couverts n'était pas soigneusement lavée, ainsi que cela se pratiquait chez les plus simples guerriers ; sans doute leurs harnais n'étaient pas frottés d'huile et d'essence chaque fois qu'il les attelait à son char ; sans doute, honte de ces temps que nous appelons barbares, leur litière n'était pas renouvelée chaque jour, et le sable uni sous leurs pieds par le rateau. Les trois mille bœufs de ses étables croupissaient, disait-on, sur un infect fumier. On tourna dès lors en ridicule le roi Augias. Les poètes s'en mêlèrent : ils prétendirent qu'il ne fallait rien moins qu'une force surhumaine pour nétoyer ces rétables, et l'effort accompli pour y rétablir la propreté fut mis au nombre des douze grands travaux d'Hercule. Le fils d'Alcmène dut même, pour mener à bonne fin cette gigantesque entreprise, détourner le cours de l'Alphée.

Les courses de chevaux décidaient souvent du sort des empires, du mariage des rois, de la vie des héros. OEnomaüs était un roi d'Olympie, célèbre par la beauté et la vitesse de ses coursiers. Son cocher, appelé Myrtile, était aussi d'une extrême habileté ; c'était d'ailleurs un homme considérable et qui passait pour fils de Mercure, OEnomaüs avait une fille d'une singulière beauté. Elle trouvait chaque jour de nouveaux prétendans. Mais son père ne consentait à en reconnaître aucun digne d'elle, qu'à la condition d'être vaincu dans une course de char. Quiconque aspirait à l'honneur de devenir son gendre devait remporter sur lui le prix de cette course ou expirer sous le fer de sa lance. Quand la lutte était acceptée, Myrtile attelait ses coursiers, les guidait avec tant d'adresse, que son maître remportait toujours une facile victoire, et le vaincu recevait le coup fatal, qui était la loi du combat. Déjà treize prétendans avaient succombé ; cependant, malgré le peu de succès de ses devanciers, Pélops, enflammé d'amour pour Hippodamie, osa tenter encore la chance qui lui était offerte, et cette fois le sort fut favorable à un héroïque sentiment. Les uns disent que Pélops triompha par la perfide complaisance de Myrtile, qui trahit son maître et se laissa battre ; d'autres soutiennent que ce fut par la protection de Neptune. C'est cette dernière version qu'a suivie Pindare dans le récit suivant :

« Lorsqu'un léger duvet commença à noircir son men-
» ton, Pélops prétendit à l'hymen de la noble Hippoda-
» mie, qu'il désirait obtenir de son père, le roi d'Olym-
» pie. Il s'approcha de la mer, et il appela le dieu qui
» agite le trident et fait retentir le rivage. Aussitôt que
» Neptune eut apparu : « Fais-moi obtenir les dons de
» Vénus, lui dit-il ; enchaîne la lance d'airain d'OEno-
» maüs ; conduis-moi dans un char rapide à Elis, et donne-
» moi la victoire. OEnomaüs, après avoir tué treize des

» prétendans à la main de sa fille, diffère toujours son
» hymen ; mais les grands dangers n'effrayent point un
» homme courageux. Pourquoi, parmi les êtres destinés
» à la mort, quelqu'un attendrait-il obscurément une
» vieillesse sans gloire ? J'entreprendrai ce combat ; que
» je te doive le succès. » Il dit et ne lui adressa pas des
» prières impuissantes ; le dieu lui donna un char d'or et
» des chevaux ailés, infatigables. Pélops vainquit OEno-
» maüs, obtint la jeune Hippodamie pour prix de sa vic-
» toire, et en eut six princes, élèves des vertus. »

Enfin les chevaux étaient chargés de la vengeance des
dieux. La mort d'Hippolyte, traîné par ses chevaux, a
fourni aux poètes anciens et aux poètes modernes une
ample moisson de scènes dramatiques. Hippolyte était
fils de Thésée et d'Antioche, reine des Amazones ; son
nom était symbolique, il signifiait *dompteur de chevaux*.
On sait par quelle erreur Thésée invoqua contre son fils
la vengeance de Neptune, et cette histoire est trop connue pour être redite ici. On connaît aussi le beau récit
de la mort d'Hippolyte par Racine. Le poète associe les
chevaux du héros à la douleur de leur maître :

A peine nous sortions des portes de Trézène,
Il était sur son char ; ses gardes affligés
Imitaient son silence, autour de lui rangés.
Il suivait tout pensif le chemin de Mycènes ;
Sa main sur ses chevaux laissait flotter les rênes.
Ses superbes coursiers, qu'on voyait autrefois,
Pleins d'une ardeur si noble, obéir à sa voix,
L'œil morne maintenant et la tête baissée,
Semblaient se conformer à sa triste pensée.

CHAPITRE V

L'histoire nous donne peu de détails sur les habitudes équestres des Pélasges, premiers habitans de la Grèce. Cependant le nom grec du cheval, ἵππος, se retrouve dans la langue pélasgique et y entre dans la composition d'un grand nombre de noms propres. Comme nous le verrons chez toutes les nations primitives, ces noms correspondent tous aux diverses fonctions qu'exige l'emploi du cheval, et qui, aux yeux des anciens peuples, étaient des titres d'honneur et de gloire ; tels furent les appellations d'Hippothoüs, un des premiers chefs des Pélasges, d'Hippodamas, d'Hipparque, d'Hippodamie, d'Hippocoon, d'Hippocrate, d'Hippolyte, d'Hippolochus, père de Glaucus, d'Hippodamé, d'Hippouétonus, d'Hippodamus, d'Hippo-

dice, d'Hippodète, d'Hippodrome, d'Hippolétis, d'Hippo-
médon, d'Hippasus, d'Hippona, d'Hippalime, d'Hippa-
son, d'Hippé, d'Hippéus, d'Hippia, d'Hippion, d'Hippo,
d'Hippocorystès, d'Hippocourius, d'Hippocraté, d'Hip-
polytion, d'Hippomachus. Tels furent encore celles des
Hippomolgues, peuples appelés, par Homère, les plus
justes des hommes ; des Hippogéranes, que Lucius place
dans les astres, et des Hippogypes, qu'il fait monter, sur
des vautours, au pays de la lune. Il est probable, toutefois, que la science du cheval aborda aux rives pélas-
giques avec les peuples déjà civilisés qui colonisèrent ce
pays. Avec Cadmus et les Phéniciens, Cécrops et les
Égyptiens, Pélops et les Phrygiens, l'agriculture et les
arts vinrent fleurir sur cette terre de merveilles, où ils
devaient jeter un si constant et un si vif éclat. C'est pourquoi, comme nous l'avons vu, la Mythologie avait fait
naître le cheval sous le trident de Neptune, dieu de la
mer.

Nous avons vu, d'ailleurs, avec quel enthousiasme la
Grèce adopta ce noble animal, et de quelles gracieuses
fictions le cheval poétique fut chez elle l'objet. Nous ne
parlerons ici que du cheval historique.

Le cheval, en Grèce, servit monté et attelé dans les
temps les plus anciens. Nous voyons les guerriers d'Homère combattre presqu'uniquement sur des chars. On
ne peut entendre parler des Centaures et des Lapithes,
de Castor et de Pollux, de Bellérophon, qui dompta Pégase, de Chiron, qui fut le précepteur d'Hercule et d'A-
chille, sans reconnaître qu'ils possédèrent au plus haut
degré la science de l'équitation, et que ceux qui l'ensei-
gnaient étaient honorés à l'égal des dieux. Si l'art de

monter à cheval ne servait pas à la guerre, cet art n'en était pas moins dans toutes les autres habitudes de la vie. Homère lui-même nous montre Ulysse et Diomède montés sur les chevaux qu'ils ont enlevés à Rhésus.

« Le héros entend la voix de la déesse ; aussitôt il s'é-
» lance sur l'un des coursiers de Rhésus, et Ulysse, mon-
» tant sur l'autre, les frappe de son arc. Les coursiers
» volent en bondissant vers les vaisseaux..... Ulysse et
» Diomède arrivent au camp et font franchir à leurs cour-
» siers le fossé qui le défend. »

Homère nous en fournit encore un exemple concluant, dans cette belle comparaison :

« Tel qu'un écuyer, adroit voltigeur, ayant choisi qua-
» tre coursiers dans un haras, les pousse au milieu de la
» route publique, vers une grande ville : une multitude
» de spectateurs, hommes et femmes, le suit de l'œil,
» admire avec quel exact équilibre il s'élance tour à tour
» d'un coursier sur l'autre, au milieu de leur vol impé-
» tueux. »

On a remarqué, avec juste raison, que cette comparai-
son prouvait plutôt les habitudes équestres de l'époque d'Homère, que celles des temps de la guerre de Troie. Toutefois, si l'équitation était poussée, à cette époque, à un point de perfection tel qu'il ne semble pas être surpassé par les écuyers de la nôtre, on a droit d'en inférer que quelques siècles plus tôt, le cheval était habituelle-
ment monté tout aussi bien qu'attelé. Le savant écrivain Lawrence fait, en effet, observer à ce sujet que, pour accomplir ces tours d'adresse avec des chevaux lancés à toute leur vitesse et pour dresser si parfaitement ces chevaux, il faut des siècles de travail et d'étude. Il résulte

du reste de l'ensemble des recherches faites par les plus
sérieux auteurs, qu'en Grèce, comme partout, l'habitude
de monter le cheval fut en vigueur en même temps, sinon plus tôt, que celle de l'atteler. Nous avons, d'ailleurs,
déjà traité ce sujet en parlant des chevaux de l'ancienne
Egypte.

Le climat de la Grèce était très favorable à l'élève du
cheval ; cependant quelques contrées y étaient plus spécialement propres. Les chevaux de Cappadoce étaient
célébrés par les historiens et les poètes comme les meilleurs et les plus vigoureux, tandis que ceux de la Thessalie l'emportaient autant par leur élégance sur les autres
chevaux grecs, que les cavaliers de ce pays l'emportaient
eux-mêmes sur ceux des autres contrées. Il passait pour
constant que, parmi les chevaux, ceux de la Thessalie
étaient les plus beaux, comme parmi les femmes les La-
cédémoniennes étaient réputées les plus belles de toute la
Grèce. Le poète Théocrite dit « qu'une branche de ci-
» près, prise dans un jardin, et un cheval thessalien traî-
» nant un char sont les objets les plus gracieux et les plus
» délicieux du monde. » Les médailles thessaliennes portaient ordinairement un cheval au revers. Plus tard, il
en fut de même de toutes les médailles grecques. Les
haras d'Epire, d'Argos et de Mycènes produisaient des
races excellentes et renommées. Il y avait plusieurs contrées qui n'avaient aucune réputation hippique ou même
ne produisaient pas de chevaux. Ainsi l'île d'Ithaque,
pauvre rocher stérile, à jamais immortel cependant par
la sagesse d'un homme et la vertu d'une femme, non
seulement n'élevait pas de chevaux, mais même ne pouvait pas en nourrir. Lorsque Ménélas reçoit Télémaque,

il lui offre, parmi plusieurs dons précieux, trois de ses plus impétueux coursiers ; «Fils d'Atrée, reprend le sage « Télémaque, n'exige pas que je prolonge ici mon séjour; « assis auprès de toi, j'y passerais une année entière, « oubliant ma patrie et même ceux à qui je dois la nais- « sance ; car tes récits et tes entretiens me jettent dans « l'enchantement : mais les compagnons que j'ai laissés « à Pylos comptent avec ennui les heures de mon ab- « sence. Si tu m'honores de quelques dons, qu'ils soient « destinés à l'ornement de mon palais; permets que je « n'emmène point tes coursiers dans Ithaque; qu'ils ser- « vent à augmenter la pompe dont tu es environné : tu « règnes sur des plaines étendues; le trèfle y croît en « abondance ; l'orge fleurit de toutes parts dans tes cam- « pagnes, ainsi que le lotier, l'avoine et le froment; mon « Ithaque ne possède ni lins, ni prairies, et cependant « ces rochers, où ne paissent que des chèvres, me sont « plus chers qu'un pays couvert de riches haras. Sou- « vent les îles sont dénuées de plaines et de pâturages ; « mais Ithaque passe, avec raison, pour la plus mon- « tueuse et la plus stérile. »

Il y avait à Athènes un ordre de chevalerie qui était le second ordre de l'état. Pour y être admis, il fallait pos- séder une certaine fortune et être en état de nourrir un cheval de guerre. Chaque année, les chevaliers athéniens montaient à cheval et parcouraient la ville en l'honneur de Jupiter. Ils accomplissaient cette cérémonie le jour où Phocion but la ciguë. En passant devant la prison, ils ôtèrent les couronnes de leur tête et accusèrent tout haut les Athéniens d'injustice et d'impiété.

Les Grecs avaient le plus grand soin de leurs races de

chevaux, surtout de celles destinées à la guerre et aux jeux sacrés. Un jeune athlète demandait à un vieillard quelle chance avaient les coursiers qu'il présentait dans la lice ? « Demande-le à leur mère, » répondit celui-ci. Ils possédaient non seulement toutes les belles races d'Epire, de Thessalie, d'Achaïe et de Cappadoce ; mais encore on leur amenait de toutes parts les coursiers les plus remarquables de Perse, de Sicile, de Thyrrénie, de Celtie et de Barbarie. Platon fait dire à Hippias : « Notre climat a » produit la plus belle race de chevaux du monde. »

Les Grecs suivaient avec soin la généalogie de leurs chevaux, comme le font maintenant les Arabes et les Anglais. Pour distinguer les différentes familles, ils les marquaient avec un fer rouge à la cuisse ; c'était d'une lettre de l'alphabet, de la figure de quelqu'animal ou de quelqu'autre emblème. « Les chevaux sont marqués à la cuisse avec un fer chaud, » dit Anacréon. Les marques les plus ordinaires étaient : une tête de bœuf (les chevaux ainsi marqués s'appelaient Βούκεφαλοι) ; un τ (tau), ou un Σ (sigma), auquel il donnait la forme de notre C (d'où l'appellation de Σαμφόρας) ; enfin un κ (kappa), qui avait la forme de notre q (d'où le nom de Κοππατίας). La collection des pierres gravées de Stosch offre des chevaux marqués du κ (kappa).

Aristophane, dans les nuées, représente un jeune Athénien endormi, qui prononce en rêvant le nom de ses chevaux : Coppatias, Samphoras, ainsi appelés à cause du kappa et du sigma imprimés sur leurs cuisses.

Chaque cheval avait son nom, chose indispensable dans les jeux publics. Ce nom, comme dans les temps modernes, était tiré de la couleur, des qualités, du pays, de la race ou famille des coursiers. Tels furent ceux de Xanthus, Ballius, Aura, Arrion, Phœnix, Egyptus, Bucéphale, etc.

Les courses de chevaux remontent au berceau du monde. Nous les avons vues en usage dans l'antique Egypte et nous les retrouvons encore au seuil de la nationalité grecque. On voit, dans Homère, qu'Agamemnom, parmi les présens qu'il offre à Achille pour apaiser sa colère, lui propose douze vaillans coursiers, *qui gagnèrent, à la course, un grand nombre de prix.*

Nélée, père de Nestor, avait envoyé en Elide quatre fameux coursiers, avec un char, pour disputer un trépied, prix de la course. Ils furent retenus par le roi Augée, qui renvoya le conducteur *plein de tristesse.* Ce fut le sujet d'une guerre.

Ces courses avaient lieu dans les jeux publics et particuliers qui se célébraient dans plusieurs contrées de la Grèce et principalement aux époques de réjouissances ou aux époques funèbres. On les appelait jeux sacrés. Pausanias rapporte que les jeux funèbres furent célébrés pour la première fois, en Grèce, à la mort d'Azan. Azan était fils d'Arcus et arrière-petit-fils de Lycaon, contemporain de Cécrops. On lit dans les Eliaques qu'aux jeux olympiques, donnés par Hercule, fils d'Amphitrion, Jasius, Arcadien, remporta le prix à la course des chevaux montés. On voyait encore sur la place publique de Tégregée une colonne sur laquelle était une statue équestre de ce Jasius, contemporain d'Hercule.

Les jeux les plus fameux de la Grèce, appelés les quatre grands jeux, étaient les suivans : Les jeux *isthmiques,* célébrés dans l'isthme de Corinthe, qui avaient lieu tous

les trois ans, et dont les prix furent une couronne, d'abord
de pin, puis d'ache sec, à cause de Neptune, auquel ils
étaient consacrés ; les jeux *néméens,* qui se tenaient près
de la ville de Némée, dans le Péloponèse, furent insti-
tués par Adraste, restaurés par Hercule, en mémoire de
sa victoire sur le lion de Némée, revenaient tous les deux
ans, et offraient au triomphateur une couronne d'ache
vert ; les jeux *pythiques,* ayant lieu à Delphes, de cinq
en cinq ans, en l'honneur d'Apollon, vainqueur du serpent python, et où l'on ne décerna d'autre récompense
qu'une couronne de laurier, jusqu'à ce que les Amphic-
tions, après la défaite des Crisséens, eussent remplacé
ces couronnes par des prix en or et en argent, provenant
du butin fait sur ces ennemis ; enfin, les jeux *olympiques,* les plus célèbres de tous, et dont nous parlerons
plus longuement, parce que toute la Grèce s'y réunissait
et que les autres n'étaient qu'une imitation des coutumes
qui y étaient en vigueur.

Pindare dit quelque part que les jeux d'Olympie sont
aussi supérieurs aux autres jeux de la Grèce, que l'eau
l'est aux autres élémens et l'or aux autres métaux : « Ne
» cherchez pas, s'écrie-t-il ailleurs, ne cherchez pas dans
» le ciel d'astre plus brillant que le soleil, ni parmi les
» jeux de la Grèce rien de plus éclatant que les jeux
» olympiques. »

Voici, d'après Pausanias, l'origine de cette fête célèbre : Les Eléens, habiles dans l'art de l'équitation, disent
que Saturne est le premier qui ait régné dans le ciel. Dès
l'âge d'or, il avait un temple à Olympie. Lors de la naissance de Jupiter, Rhéa, sa mère, le confia à cinq frères,
cinq prêtres dactyles, du mont Ida, qu'elle fit venir de

Crète en Elide. Hercule, l'aîné de ces cinq frères, leur proposa de disputer entre eux le prix de la course, qui était une couronne d'olivier. Hercule-Idéen fut donc l'inventeur de ces jeux, qui se célébraient tous les cinq ans, en l'honneur des cinq frères. Quelques-uns disent que Jupiter et Saturne combattirent ensemble à la lutte dans Olympie et que l'empire du monde fut le prix de la victoire. D'autres prétendent que Jupiter, ayant triomphé des Titans, institua lui-même ces jeux, où Apollon remporta le prix de la course sur Mercure, et celui du pugilat sur Mars. C'est pour cela que ceux qui se distinguaient aux cinq jeux dansaient au son des flûtes, qui faisaient entendre des airs pythiens, parce que ces airs étaient consacrés à Apollon, le premier des vainqueurs couronnés aux jeux olympiques. Ces jeux duraient cinq jours, et avaient lieu vers le solstice d'été. Ils eurent la gloire d'inaugurer l'ère fameuse des olympiades, la principale ère des fastes de la Grèce. Ils n'appartenaient pas à un peuple particulier, mais à tous les Grecs, et même, plus tard, à toutes les nations, qui venaient y disputer d'immortelles couronnes. Cependant les Pisiens d'abord, les Éléens ensuite, en eurent presque toujours la direction : c'étaient eux qui nommaient les juges et faisaient observer des réglemens auxquels se soumettaient les peuples les plus puissans, les rois les plus absolus. L'agonothète y déclarait mauvais les vers de Denis et de Néron et vaincus les coursiers d'Hiéron ou d'un de ces républicains antiques sur qui se modelèrent les tyrans. Jamais plus noble institution ne consacra les fastes d'une nation. A leur approche, les hostilités cessaient d'un commun accord, entre tous les peuples : savans, héros, toute la Grèce, tout l'univers se réunissait pour disputer une gloire pacifique sur les bords de l'Alphée, aux pieds des statues des dieux ; pour venir chercher, au plus pur foyer, le feu divin qui vivifie et développe toutes les nobles facultés de l'homme, tous les dons corporels, toutes les puissances de l'âme ; puiser à leur source la plus féconde tous les héroïsmes, toutes les vertus, tous les talens.

On célébrait les jeux olympiques quand Xerxès arriva dans la Grèce, à la tête de son immense armée. Ce fut d'Olympie que partit Léonidas pour aller mourir aux Thermopyles ; ce fut sous l'inspiration des fêtes d'Olympie que la Grèce jura l'extermination de cette multitude armée ; les triomphes d'Olympie furent les préludes de ceux de Salamine.

Avant de commencer les jeux, on nommait d'abord les juges qui devaient y présider. Ces juges s'appelaient *Agonothètes*. Trois d'entre eux étaient préposés spécialement aux courses de chevaux. Ceux-ci écrivaient sur un registre le nom et le pays des concurrens, et un hérault proclamait ensuite publiquement ce nom et ce pays. Le onze d'hécatombéon, au soir, on arrosait les autels du sang des victimes. Toutes ces cérémonies préparatoires s'accomplissaient au son des instrumens et se prolongeaient très avant dans la nuit. Les cinq jours suivans étaient destinés aux exercices. Ils commençaient dès le lever du soleil. Les différentes courses à pied, le saut, le disque, le pugilat, le javelot, la lutte, le pancrase, occupaient la matinée. Le reste du jour était réservé pour les combats les plus rudes et les plus pénibles. On terminait par la course des chars et celle des chevaux montés, les plus glorieuses de toutes. Quoique les courses de chevaux attelés et montés datent de l'institution des réjouissances publiques en Grèce, comme nous l'avons dit en citant Pausanias, cependant, d'après les auteurs les plus véridiques, les courses de chars ne furent solennellement instituées aux jeux olympiques que dans la vingt-cinquième olympiade, et les courses de chevaux montés que dans la vingt-huitième. Dans la quatre-vingt-dix-huitième, on courut avec deux chevaux de main. Dans la quatre-vingt-dix-neuvième, on attela deux poulains à un char, et peu de temps après on imagina une course de poulains menés en main et une course de poulains montés. On appelait poulains, chez les Grecs, les chevaux qui n'avaient pas encore atteint l'âge de cinq ans.

Dans l'ancienne Élide, près de la ville moderne de Lagenico, entre le cours de l'Alphée et le roc escarpé du Typéon, on aperçoit des ruines informes qui furent celles de l'Hippodrome. C'est tout ce qui reste aujourd'hui du théâtre de tant d'exploits : quelques débris et un peu de poussière là où la Grèce avait des autels et des temples : et pourtant quinze cents ans ne se sont pas encore écoulés depuis que le dernier char a tourné la borne d'Olympie ! ! !

L'Hippodrome avait environ six cents mètres de longueur et deux cents de largeur ; sa forme était celle d'un ovale allongé, et d'épaisses murailles s'étendaient à l'entour. La foule immense des spectateurs se répandait dans le pourtour, garantie du choc des coureurs par un énorme câble, formant un vaste rond autour du champ de course. Les juges avaient une tribune vers le milieu de ce champ, qui présentait à l'une de ses extrémités une colline peu élevée, et qui était de tous côtés orné de temples et de mo-

numens de la plus belle architecture. La surface en était
divisée en deux parties, dont la première, semblable à la
proue d'un vaisseau, était appelée la barrière : c'est là
que les chevaux et les chariots se disposaient pour la
course. L'autre, plus vaste, était l'arène destinée au con-
cours. Elle présentait un terrain irrégulier et désuni,
parsemé çà et là de ravins creusés et de buttes artifi-
cielles, destinées à éprouver l'habileté des cavaliers et
des conducteurs, et à rehausser le mérite de la victoire.
Vis-à-vis du point de départ se trouvait la borne autour
de laquelle chevaux et chars étaient obligés de tourner
pour revenir à l'endroit d'où ils étaient partis. Cette
borne était une pierre élevée de terre d'environ une cou-
dée et demie. Au centre de l'espace, près la barrière,
était un autel sur lequel on voyait l'aigle de Jupiter, patron des jeux olympiques, et le dauphin de Neptune,
créateur du cheval. Au signal donné par le directeur des
jeux, l'aigle agitait ses ailes de bronze et s'élevait en l'air.
Au même instant, le dauphin disparaissait et s'enfonçait
sous la terre. C'était le moment solennel où la lutte allait
commencer. Les concurrens se rendaient alors au point
de départ, où ils attendaient, pour s'élancer dans la carrière, que le son de la trompette leur donnât un dernier
signal.

Une particularité remarquable que présentait l'Hippodrome d'Olympie, était un autel de forme ronde, placé
près de la borne et consacré à un génie appelé Taraxippus, qui, comme son nom l'indique, avait la puissance
d'inspirer la frayeur aux chevaux. Plusieurs coursiers,
saisis d'effroi en passant devant cet autel, n'obéissaient
plus ni au frein ni à la voix ; ils brisaient les chars, em-

portaient et renversaient leurs cavaliers. Aussi, les concurrens offraient-ils des vœux et des sacrifices à ce dieu
de la peur, pour se le rendre favorable. Les anciens historiens ne sont pas d'accord sur l'origine de cet épou-
vantail, que les Grecs, comme tout ce qu'ils touchaient,
ont embelli des fictions de la poésie. Les uns en faisaient
le tombeau d'un illustre écuyer ; les autres, le monument
que Pélops érigea à Mirtile, pour apaiser ses mânes ; quelques-uns pensaient que l'ombre d'OEnomaüs planait sur
cet autel ; enfin, l'opinion la plus répandue était que
Taraxippus était un surnom de Neptune. Mais à travers
ces transparentes allégories, il est aisé de découvrir que
les plus sages idées avaient présidé à l'érection de l'autel
du dieu Taraxippus. Les courses de la Grèce avaient pour
but, comme celles des temps modernes, le perfectionnement des races hippiques, et plus spécialement peut-être
le dressage des coursiers et l'habileté des écuyers et des
cochers. La guerre, la grande étude des peuples naissans,
demandait des chevaux vigoureux et sans peur. Ce n'eût
point été assez qu'une lutte de vitesse et de vigueur ; il
fallait encore s'assurer si le plus rapide et le plus vigoureux coursier pouvait affronter les plus terribles objets,
braver au besoin l'apparition subite des machines de
guerre les plus formidables, ne pas se laisser intimider
à la vue inaccoutumée de l'éléphant des rois d'Asie ou
des armures bizarres des Barbares. On avait donc, dans
ce but, disposé un autel en pierre, qui recevait et réflé-
chissait tous les feux du soleil, et qui, tout à coup, au
détour de la borne, venait apparaître au cheval lancé
dans l'arène. Les cavaliers savent que les chevaux ont
toujours peur des grosses pierres, surtout lorsqu'elles

sont de couleur tranchante et que le soleil les frappe de ses rayons. Malheur donc à l'écuyer qui n'avait pas bien dressé son coursier ! Il payait souvent de sa vie sa coupable négligence. Mieux eût valu quelque temps de patience qu'un holocauste à Taraxippus. Lawrence pense qu'il est douteux que le calme des coursiers, en présence et à la vue de ce dieu Taraxippus, fût une preuve de leur intrépidité, de leur douceur et de leur sagesse acquises. Il aime mieux regarder, chez eux, ce calme comme le signe d'une qualité innée, et ne consent guère à l'attribuer qu'à ceux auxquels la nature a bien voulu le donner. Nous, au contraire, nous pensons qu'il y a fort peu de chevaux qu'une bonne éducation ne puisse accoutumer à affronter les bruits les plus soudains et les plus terribles, les objets les plus épouvantables. Nous n'avons d'ailleurs pas besoin de dire de quelle utilité les fruits de cette bonne éducation sont à la guerre, dont les courses anciennes n'étaient que le brillant prélude.

Les courses de chevaux montés, sans avoir l'importance de celles des chars, excitaient cependant l'émulation des plus grands seigneurs. Ce genre de course se rapprochait beaucoup des courses modernes, en ce sens que c'était moins l'habileté du cavalier et le dressage du cheval que la race et la vigueur de l'animal, qui donnaient la victoire. C'était pour les courses à cheval principalement qu'on élevait à grands frais les coursiers des meilleures races et que l'on soignait la généalogie de ces coursiers avec autant de soin que le font de nos jours les Arabes et les Anglais. Le cheval était monté à poil, et n'avait qu'un frein, dont le mors était brisé, comme nos bridons actuels. Les brides étaient couvertes, au frontail

et aux côtés, de gracieux ornemens, que les filles de la
Grèce peignaient elles-mêmes de riches couleurs.

On lit dans Homère : « comme l'ivoire qu'une femme
» de Méonie ou de Carie a teint de pourpre et qui doit
» orner un frein, ornement qu'elle garde dans sa demeure
» et que mille guerriers désirent ; mais qui, réservé pour
» quelque roi, fera le luxe de son coursier et la gloire de
» son conducteur. »

Avant la course, on tirait les places au sort ; les cavaliers se rangeaient sur une même ligne, ayant devant
eux une barrière, ou seulement une corde tendue, pour
les empêcher de partir avant le signal. Au son de la
trompette, la barrière s'enlevait ou la corde tombait.
Alors les cavaliers s'élançaient dans la lice, tournaient autour de la borne et revenaient avec la même rapidité au
lieu d'où ils étaient partis. Quelquefois ces courses
étaient, comme les courses modernes, une lutte de vitesse
seulement ; quelquefois aussi c'était en même temps une
lutte de vitesse et d'adresse. La voltige entrait en effet
pour beaucoup dans les exercices olympiques. L'écuyer
descendait au milieu ou à la fin de la course, courait à
côté de son cheval, remontait et descendait encore ; ou
bien il menait en courant un second cheval par la bride,
et, après avoir fourni une certaine carrière, il changeait
de coursier en sautant de l'un sur l'autre. On ne doit pas
oublier de quelle difficulté étaient tous ces exercices,
avec des chevaux nus et au milieu des ravins, des collines,
des bornes à tourner, des épouvantails et des embarras
de tout genre qui semaient l'hippodrome d'Olympie.

Les courses de chars formaient le plus brillant spectacle de tous les jeux de la Grèce. Les chars avaient la

forme d'une coquille montée sur deux roues, avec un timon fort court, auquel on attelait deux, trois, quatre chevaux de front, le plus souvent deux. Les quadriges datent de la plus haute antiquité ; mais ils étaient primitivement à deux timons. Ce fut Clystène, de Sicyonne, qui inventa le quadrige à un seul timon, en ajoutant deux traits à chaque bout de la barre qui tenait lieu de palonniers.

Les chars s'alignaient de front et partaient tous ensemble au signal donné. Sans compter les inégalités du terrain, on doit concevoir que la borne était d'une difficulté extrême à tourner : quand vingt chars à la fois, lancés à toute bride, se disputaient à qui passerait le premier, il fallait une prodigieuse adresse pour raser cette borne sans la toucher. Horace a exprimé ainsi cette pensée :

Rotaque fervidis evitata rotis.

Et Virgile, en parlant d'une course de vaisseaux autour d'un rocher, a dit :

Radit ita lævum interior.

Homère nous transmet en ces termes les préceptes que l'on donnait aux jeunes concurrens des courses olympiques : il met ces préceptes dans la bouche du vieux Nestor, parlant à son fils Antiloque :

« Fais, mon cher fils, lui dit-il, approcher de la borne
» tes chevaux le plus près qu'il te sera possible. Pour cet
» effet, toujours penché sur ton char, gagne la gauche
» de tes rivaux, et, en animant le cheval qui est hors de
» la main, lâche-lui les rênes, pendant que le cheval qui
» est sous la main doublera la borne de si près qu'il sem-

» blera que le moyen de la roue l'aura rasée; mais prends
» bien garde de donner dans la pierre, de peur de bles-
» ser tes chevaux et de mettre ton char en pièces. »

Le même poëte, à qui l'on a voulu faire l'honneur de la
restauration des jeux olympiques, nous donne la description d'une course de chars, qui peindra, mieux que tout
ce que nous pourrions dire, ces belliqueux amusemens :

« Achille fait célébrer une fête funèbre en l'honneur
» de Patrocle. Des courses de chars sont ordonnées par
» le fils de Thétis. Les chefs les plus célèbres des Grecs
» s'élancent sur leur chars et brûlent de disputer les
» prix. Lorsqu'ils sont tous rangés sur une même ligne,
» Achille leur montre la carrière et la borne, à l'extré-
» mité d'une plaine vaste et unie. Témoin de leur légè-
» reté et de leur adresse, le vieux Phénix, l'écuyer de
» son père, est placé par ses ordres à l'extrémité de la
» carrière. Tous les fouets sont levés, tous abaissés au
» même instant. Animant ainsi leurs coursiers et du fouet
» et de la voix, ils abandonnent les vaisseaux, traversent
» la plaine avec rapidité ; une poussière, semblable à un
» nuage épais, ou à une violente tempête, souille les
» larges poitrails de leurs chevaux, dont les crinières flot-
» tent au gré des vents. Tantôt ils rasent la terre avec
» les chars; tantôt s'élançant ils franchissent un long es-
» pace sans ébranler leurs hardis conducteurs, dont le
» cœur est partagé entre la crainte et l'espérance. Appe-
» lant leurs coursiers par leurs noms, ils accroissent leur
» ardeur, volent avec rapidité : une immense poussière
» s'élève de dessous leurs pieds. Déjà ayant atteint l'ex-
» trémité de la carrière, ils se reploient sur le rivage de
» la mer écumante ; leurs traits sont tendus, leur course

» précipitée, les intervalles plus marqués. Les légers
» coursiers du roi de Phères devancent tous les autres ;
» les agiles coursiers de Tros, que dirige le fils de Tydée,
» semblent s'élancer sur le char d'Eumèle ; le souffle
» brûlant qui s'exhale de leurs vastes narines, échauffe les
» larges épaules des coursiers du roi de Phères ; ils les
» atteignent de toute la longueur de leur vaste encolure.
» Le fils de Tydée eût devancé son rival, ou laissé la
» victoire incertaine, si Apollon, irrité, n'eût arraché de
» sa main le fouet qui lui servait à animer ses coursiers.
» Une vive douleur s'empare de l'âme du vaillant Diomè-
» de, à la vue du char de son rival, qui s'élance d'un vol
» rapide, tandis que, privé de son fouet, il ne peut hâter
» ses légers coursiers ; des larmes amères coulent de ses
» yeux ; mais la ruse d'Apollon n'échappe pas à Minerve :
» volant avec une incroyable rapidité au secours du pas-
» teur des peuples, la déesse relève le fouet, le remet aux
» mains du fils de Tydée, accroît de son souffle divin
» l'ardeur de ses coursiers...

» Les agiles coursiers du fils de Tydée volent dans la
» carrière, précèdent tous les autres ; car Minerve leur
» destine le prix : la déesse soutient, accroît leur ardeur.
» Ménélas approche du but, fait des efforts pour l'at-
» teindre. Animant les coursiers de son père, Antiloque
» leur parle ainsi : « Volez, développez vos jarrets ; dis-
» putez la victoire, non aux coursiers agiles du fils de
» Tydée ; car Minerve accroît leur légèreté, leur destine
» le premier prix ; mais aux coursiers du fils d'Atrée :
» hâtez-vous de les surpasser ; quelle honte pour vous, si
» la cavale Ethée vous devançait ! Qui vous retient ? Si
» par votre lâcheté, je n'obtiens que le seul prix qu'on

» accorde à la pitié pour le vaincu, je vous prédis
» le sort qui vous attend : le pasteur des peuples ne
» prendra plus soin de vous, il vous percera de son glai-
» ve. Elancez-vous dans la carrière ; la ruse suppléera à
» la force dans ce défilé. »

« Il dit : Redoutant la colère de leur maître, les che-
» vaux de Nestor volent avec rapidité ; le valeureux An-
» tiloque voit Ménélas engagé dans un chemin creux,
» profonde ravine que les eaux de l'hiver ont formée.
» Agité de la crainte de heurter contre le roc, le fils
» d'Atrée retient ses coursiers agiles. Détournant les
» siens avec adresse, le fils de Nestor les dirige de ce
» côté, s'incline sur la berge, poursuit le fils d'Atrée :
» O Antiloque ! s'écrie Ménélas effrayé, je ne reconnais
» pas ta prudence ; ralentis la course rapide de tes cour-
» siers : échappés à ce défilé dangereux, nous rendrons
» la main, nous ferons effort pour nous devancer. »

« Il dit : Mais, sourd à ses cris, le fils de Nestor manie
» le fouet avec dextérité, anime ses coursiers. D'un seul
» saut, ils franchissent tout l'espace que parcourt un dis-
» que lancé par un bras nerveux qui essaie ses forces.
» Les agiles coursiers du fils d'Atrée reculent ; craignant
» qu'ils ne s'abattent dans le choc des chars, et qu'es-
» sayant de disputer la victoire à son rival, ils ne tom-
» bent l'un et l'autre dans la poussière, Ménélas n'ose les
» appuyer. Fils de Nestor, s'écrie-t-il, de tous les ri-
» vaux le plus dangereux, tu transgresses les lois du cir-
» que et démens la réputation que ta vertu t'avait acquise.
» Hâtes ta course rapide ; mais n'espère pas obtenir le
» prix sans un parjure. »

« Adressant ensuite la parole à ses légers coursiers :

« Volez, leur dit-il ; que ce faible avantage remporté par
» un perfide rival ne ralentisse pas votre ardeur : bientôt
» essoufflés, abattus, les vieux coursiers de Nestor vous
» céderont la victoire. »

« A la voix de leur maître, les rapides coursiers s'élan-
» cent sur le char d'Antiloque. Bientôt ils sont près de
» l'atteindre. Cependant, les yeux fixés sur l'arène, les
» Grecs assis à la barrière s'efforcent de percer l'épais
» nuage qui enveloppe les chevaux et les chars.

» Déjà le fils de Tydée touche la barrière ; ses cour-
» siers bondissent sous les coups redoutables du fouet qui
» retentit sur leurs larges épaules : leurs sauts légers
» font jaillir la poussière sur l'athlète qui les dirige ; l'or,
» l'étain, précieux ornemens du char de Diomède, en
» sont ternis. Ils volent avec une telle rapidité, que la
» trace des roues est à peine imprimée sur le sable. Par-
» venu à l'extrémité de la carrière, le fils de Tydée aban-
» donne son fouet, s'incline sous le joug : le vaillant Sté-
» nélas s'empare du prix et dételle les coursiers.

» S'efforçant de soutenir l'ardeur des deux chevaux
» de Nestor, le descendant de Nélée arrive ; sa ruse
» adroite, non la rapidité de sa course, lui a donné la
» victoire sur Ménélas. Ecarté de toute la portée d'un jet
» de disque, le fils d'Atrée ne laisse plus, entre son rival
» et lui, que le court espace qui sépare un char en mou-
» vement dont les traits sont tendus, du coursier qui
» l'entraîne, dont les crins atteignent l'orbite des roues,
» tant l'ardeur de l'Agamemnonienne Ethée croît avec
» l'espace qui lui reste à parcourir. Si la carrière eût été
» plus longue, Ménélas eût devancé son rival et n'eût pas
» même laissé la victoire incertaine. »

Les anciens Grecs croyaient que les jumens étaient plus
agiles que les chevaux, et l'on remarque plus de noms
féminins que d'autres parmi ceux des vainqueurs aux
jeux olympiques. Pline et Elius ont consacré cette opinion ; ils pensent que les jumens sont plus propres que
les chevaux aux travaux du cirque. Cette idée, qui attri-
bue la supériorité de vitesse aux jumens sur les chevaux,
est encore partagée de nos jours par les Arabes et par
plusieurs peuples de l'Orient ; mais elle n'est pas adop-
tée dans le nord de l'Europe, où, quand il s'agit de
courses de vitesse, on fait porter un poids plus lourd aux
chevaux qu'aux jumens. Ce n'est d'ailleurs point ici le
lieu de discuter cette question. Nous pourrions, en tout
cas, peut-être, nous borner à donner raison aux deux
prétentions, en apparence contradictoires, en disant
que la question n'est qu'une question de climat.

Il y avait, au reste, à Olympie, une course particulière dans laquelle on ne se servait que de jumens. On
appelait cette course *calpe*. C'était, à vrai dire, plutôt
un exercice gymnastique qu'une course. Les écuyers, ar-
rivant près du but, sautaient à bas de leur monture et
continuaient la course en tenant la bride d'une main.

Les cavaliers appelés *anabates* ne montaient que des
chevaux.

La préparation obligée pour les courses de chars et de
chevaux durait trente jours ; mais les concurrens étaient
obligés de jurer qu'ils s'étaient soumis pendant dix mois
consécutifs à tous les exercices et à toutes les épreuves
auxquelles les engageait l'institution des jeux.

Les rois ou les princes conduisaient souvent eux-
mêmes leurs chars ou montaient leurs rapides coursiers ;

mais on n'était pas obligé de descendre soi-même dans la
lice ; on pouvait s'y faire représenter, et les femmes elles-
mêmes concoururent souvent aux jeux olympiques, surtout dans les derniers temps ; bien entendu sans y parai-
tre elles-mêmes : on sait qu'il leur était défendu d'assister aux jeux. Les Grecs, en se privant d'associer la
belle moitié du genre humain à leurs nobles victoires, se
privèrent sans doute de grandes jouissances ; mais cette
prescription s'alliait avec la sévérité des mœurs antiques
de la Grèce. Seulement, on pardonna à cette femme héroïque, fille, sœur, femme et mère de vainqueurs olympiques, qui ne put résister au désir de voir triompher
son fils. Callipatira, pour assister aux jeux, s'était cachée
sous des vêtemens de maître d'exercice. Elle se trahit en
courant se jeter dans les bras du vainqueur. Les juges
lui firent grâce, en faveur de son noble sang ; mais ils
s'y prirent de manière à ce qu'un pareil subterfuge ne
put avoir lieu à l'avenir.

La première femme qui ouvrit à son sexe cette carrière de gloire, fut Cyniséa, fille d'Archisane, et sœur
d'Agésilas, roi de Lacédémone. Elle remporta le prix de
la course des chars attelés de quatre chevaux. Cette victoire, jusque-là sans exemple, fut célébrée avec magnificence. Un monument superbe lui fut élevé dans sa patrie, et elle fut mise au nombre des héroïnes. Cyniséa
consacra elle-même, dans le temple de Delphes, un char
d'airain, attelé de quatre chevaux. On joignit, dans la
suite, à cette offrande, le portrait de Cyniséa, peint par
Apelles. Ce glorieux trophée était orné d'inscriptions en
l'honneur de l'illustre fille de Lacédémone. Après sa
mort, on lui éleva, à Olympie, des statues et des autels.

Du reste, ces honneurs n'étaient point extraordinaires ni particuliers au sexe de Cyniséa : les hommes, vainqueurs dans les jeux équestres, étaient honorés comme des dieux. Le prix de la victoire n'était en lui-même qu'une couronne d'ache ou de laurier ; mais cette simple récompense était suivie de bien d'autres faveurs. Les juges décernaient d'abord au triomphateur la couronne qu'il avait méritée, et lui mettaient une branche de palmier dans la main droite : puis un héraut, précédé d'un trompette, le conduisait dans l'enceinte et proclamait à haute voix son nom et son pays.

Alors le bruit des applaudissemens et des acclamations des spectateurs s'élevait dans les airs ; les instrumens de musique y répondaient de différentes manières, suivant le genre de triomphe et le pays du vainqueur. Les danses s'enlaçaient sur les pelouses, et un brillant cortége, formé de toute la jeunesse, suivi des prêtres et des sacrificateurs, conduisait solennellement le vainqueur aux pieds de l'autel de Jupiter, où bientôt fumait l'encens et d'où s'élevait le parfum des hécatombes.

Quand l'athlète couronné retournait dans sa patrie, les populations se pressaient au devant de lui. Monté sur un char à quatre chevaux, la couronne au front et la palme à la main, par une brèche faite exprès aux murailles, il entrait dans sa ville natale à la lueur de mille flambeaux, et suivi d'un brillant cortége.

Le triomphe se terminait par des festins qui se célébraient, soit aux dépens du trésor public, soit aux dépens des vainqueurs eux-mêmes.

Les vainqueurs aux jeux olympiques obtenaient encore d'autres priviléges considérables ; on leur assignait des pensions sur le trésor public ; ils étaient dispensés de toutes charges et de fonctions municipales ; ils avaient la préséance dans les spectacles et les jeux publics. A Sparte , les rois les choisissaient ordinairement pour combattre auprès de leur personne, dans les expéditions militaires. A Athènes, ils étaient nourris le reste de leurs jours aux dépens de la république ; on leur dressait des statues ; on léguait leur gloire à la postérité par des inscriptions fastueuses ; les plus fameux poètes chantaient leurs louanges. Dans ces honneurs rendus aux hommes, on n'oubliait pas non plus les chevaux, dont la vitesse et les qualités étaient la source et une partie de la gloire des triomphateurs : on leur consacrait des monumens, comme aux athlètes ; on les nourrissait sans rien faire pendant toute leur vie ; la mention de leur nom, de leur âge, de la couleur de leur poil et du nom de leur pays était consignée dans les registres publics ; enfin les poètes faisaient leur éloge et les chantaient dans leurs vers.

L'histoire, parmi ces coursiers, cite, entr'autres, la cavale Aura, au sujet de laquelle Pausanias nous transmet le récit suivant :

« La jument de Phidolas se nommait Aura, à ce que
» disent les Corynthiens. Il arriva à celui qui la montait
» de se laisser tomber dès le commencement de la car-
» rière, et elle n'en continua pas moins à courir, tourna,
» suivant les règles, autour de la borne, accéléra encore
» plus sa course lorsqu'elle entendit la trompette, arriva
» la première vers les Hellanodices, et s'y arrêta comme
» sachant qu'elle avait remporté le prix. Les Eléens pro-
» clamèrent Phidolas vainqueur et lui permirent de pla-
» cer à Olympie la statue de sa jument. »

Autres temps, autres principes : la Grèce te donne une statue, gentille Aura ; à Newmarket et à Chantilly, tu aurais été distancée, parce que tu te serais débarrassée de ton poids : la gloire, il est dur de te le dire, doit quelquefois se mesurer au poids.

La Grèce n'avait pas de trop beaux lauriers, Carrare de marbres trop précieux, le génie des poètes de vers trop harmonieux pour célébrer les vainqueurs des jeux olympiques. Cicéron assure que leur gloire égalait celle de l'ancien consulat, dans toute la splendeur de son origine, chez les premiers Romains. Horace en fait autant de demi-dieux. Pindare leur a voué sa muse. Il a chanté les coursiers d'Élis couverts d'une noble poussière, et, pour élever dans ses chants un impérissable monument à Hiéron, roi de Syracuse, il ne lui a pas donné de titres plus précieux à l'immortalité que celui de vainqueur à la course équestre.

« Ce prince, dit-il, qui gouverna avec équité les peu-
» ples de l'opulente Sicile, a cueilli la plus pure fleur de
» toutes les vertus ; il se fait un noble plaisir de ce que la
» poésie et la musique ont de plus exquis. Il aime les airs
» mélodieux, tels que nous avons coutume d'en jouer à la
» table des personnes qui nous sont chères. Courage
» donc, prends ta lyre et monte là sur le ton Dorien. Si
» tu te sens animé d'un beau feu en faveur de Pise et de
» Phérénice ; s'ils ont fait naître en toi les plus doux trans-
» ports, lorsque ce généreux coursier, sans être piqué de
» l'éperon, volait sur les bords de l'Alphée, et portait son
» maître au sein de la victoire, chante le roi de Syracuse,
» l'ornement de nos courses équestres. »

Hiéron ne fut pas le seul roi qui se distingua aux jeux

olympiques : Théron, roi d'Agrigente, et son frère Xéno-
crate, Gelon et les deux Denis, rois de Syracuse, Arche-
laüs et Philippe, rois de Macédoine, Pausanias, roi de Lacédémone, Mithridate, roi de Pont, prétendirent aussi à
ces nobles couronnes. Néron aima aussi les chevaux et
les jeux équestres. L'amour des nobles choses se rencontre quelquefois dans les cœurs les plus vils, comme la
goutte de miel au sein des plantes empoisonnées, et la
perle blanche dans une coquille rongée des vers.

Le fils d'Agrippine, devenu maître de l'empire, aspira
encore à une plus haute gloire : il disputa plusieurs fois
la couronne d'Olympie, où il conduisit lui-même un jour
un char attelé de six chevaux. A son retour de la Grèce,
il fit son entrée à Naples, sur un char traîné par des chevaux blancs, après avoir fait abattre un pan de muraille,
suivant l'usage des vainqueurs. Il entra de la même manière dans Antium, Albe et Rome. Son char était celui
qui avait servi au triomphe d'Auguste ; ses vêtemens
étaient une robe de pourpre éclatante et un manteau parsemé d'étoiles d'or ; sur sa tête brillait la couronne des
jeux olympiques, et dans sa main celle des jeux pythiens ;
les autres couronnes qu'il avait conquises étaient portées
en pompe devant lui.

Miltiade fit enterrer avec magnificence dans le Cérami-
que, avec les statues des dieux, trois de ses cavales vic-
torieuses. Son fils, Cimon, ayant remporté trois fois le
prix avec les mêmes jumens, les Athéniens firent élever à
ces généreuses cavales des statues de bronze, dont les
historiens parlent comme d'un chef-d'œuvre d'art et de
ressemblance.

Parmi les vainqueurs olympiques vint briller à son

tour le romanesque et bel Alcibiade, poëte, savant, guerrier, orateur, beau comme Apollon Pythien, réunissant
en lui seul toutes les qualités et tous les défauts d'Athènes, sa patrie. Ce cœur, dévoré de tous les glorieux
amours, eût été incomplet si l'amour du cheval lui eût
manqué ; nul ne le posséda à un plus haut degré.

Ses superbes écuries renfermaient un grand nombre de
chevaux de course ; rien n'égalait la magnificence de ses
chars ; jamais roi ni prince n'envoya, comme lui, sept
chars à la fois aux jeux olympiques. Dans la même journée, il y remporta le prix de la course à pied, celui de la
course équestre et celui des chars. Il put couronner son
front de trois couronnes à la fois, honneur que, depuis le
fils de Latone, personne n'avait remporté.

On remarque encore, au nombre des célètes ou vainqueurs à la course à cheval, à côté des rois et des héros,
deux des plus illustres philosophes de la Grèce, Pythagore
et Empédocle. C'est que le génie du cheval s'allie à tous
les genres de génies. C'était l'honneur des anciens que
de le comprendre ; c'est notre honte que de l'avoir oublié. Imaginons donc maintenant MM. Cousin et de La-
mennais gagnant le grand prix à Chantilly.

Un admirable exemple des honneurs rendus aux triomphateurs des jeux olympiques nous est fourni par la ville
d'Agrigente. Elle reçut un jour dans ses murs un de ces
vainqueurs, Exenètes, porté sur un char magnifique, attelé de quatre chevaux blancs et suivi de trois cents autres chars, attelés de chevaux de même couleur.
Voilà de ces spectacles grandioses et magiques que le
monde ne reverra plus. Du reste, Agrigente était une
ville fameuse par ses amateurs de chevaux. On y voyait

un grand nombre de tombeaux, ornés de pyramides, élevés à la mémoire de célèbres coursiers.

Voici une des curieuses épitaphes qui se lisaient sur
les mausolées de ces coursiers immortels :

« Colonne de marbre, de qui es-tu le tombeau ? — D'un
coursier agile. — Quel est son nom ? — Euthydique. —
Sa gloire ? — Il fut vainqueur dans les jeux. — Combien
de fois ? — Bien des fois. — Et quel était son guide ? —
Kærane. — O gloire plus grande que celle des demi-
dieux ! »

De tous les monumens qui nous restent de l'antiquité,
il n'en est aucun qui nous donne une idée plus précise des
chevaux et des cavaliers de l'époque grecque, que le chef-
d'œuvre de Phidias, connu sous le nom de frise du Parthénon. Ces merveilleux bas-reliefs, après avoir subi les
injures du temps et des hommes, ont été transportés à
Londres par lord Elgin, et font maintenant un des
principaux ornemens du British muséum ; mais, privés
de leur beau ciel et de leur doux climat, ils frissonnent
sous le froid soleil du Nord, se léprosent de toutes parts
et n'offriront bientôt plus que de déplorables débris. Dé-
placer un monument, c'est créer une ruine. Cette frise
représente la fête des grandes Panathénées. Dans ces fêtes, les fils des principaux citoyens se disputaient le prix
de la course à cheval. On trouve dans les collections, des
vases panathénaïques, c'est-à-dire donnés en prix dans
ces luttes, comme le prouvent les inscriptions en vers qui
s'y lisent. Les peintures nous montrent des courses de
chevaux, exercice habituel de la jeunesse athénienne. Les
chevaux et les hommes représentés sur la frise sont d'un
travail exquis. Voici d'ailleurs les principales remarques

que l'hippologue peut faire sur ce chef-d'œuvre. D'abord
les chevaux sont d'une taille très petite relativement à
celle des hommes : ils ne paraissent pas avoir plus d'un
mètre quarante ou quarante-cinq centimètres environ. A
pied, la hauteur du cheval ne dépasse pas celle de la
poitrine de l'homme : à cheval, le pied de l'homme descend au-dessous du genou du cheval. Les chevaux portent le type arabe actuel : leur tête est carrée et un peu
forte ; l'encolure courte et musclée ; l'épaule bien cou-
chée ; la poitrine profonde ; les membres forts, secs et d'un
admirable aplomb ; les reins courts et le port de queue
superbe. Presque tous ont la crinière coupée en brosse ;
leur queue est longue et flotte au gré du vent. Les cavaliers montent à poil ; leur pose est pleine de grâce et
d'aplomb. L'allure des coursiers est le pas ou le galop.
Ils ont presque tous cette marche cadencée que nous appelons petit galop et que les Anglais appellent *canter*.
Nous laissons ici parler Xénophon : « Si, après lui avoir
» fait sentir l'éperon, vous rendez la main au cheval, le
» peu de tension des rênes lui fait croire qu'il est libre, et,
» dans la joie qu'il en éprouve, il prend une pose magni-
» fique et imite, par le moelleux et la fierté de sa démar-
» che, le cheval qui se pavane auprès de ses compagnons.
» Tels sont les chevaux qu'on donne aux dieux et aux hé-
» ros ; ils sont la gloire de leurs cavaliers ; le cheval lui-
» même est l'objet de l'admiration générale ; il attire les
» regards, il charme jeunes et vieux ; on n'en peut déta-
» cher sa vue ; on ne se lasse point de l'admirer, tant
» qu'il se montre dans cette brillante allure. »

Quelques-uns des chevaux du monument qui nous occupe, sont comme ceux d'une foule de statues et de bas-

reliefs, représentés marchant l'amble, allure estimée des Grecs et connue dès la plus haute antiquité. Il est concevable, en effet, que des chevaux à poil ne pussent se monter qu'au pas, à l'amble ou au galop. Le trot devait être et était une allure entièrement proscrite du manége des anciens : cette allure est encore aujourd'hui presque entièrement bannie des habitudes équestres des peuples méridionaux. Aussi, sur plus de cent chevaux représentés sur notre frise, n'en voit-on pas un seul au trot.

Rien n'égale la vigueur, l'énergie que le sculpteur a données à ces chevaux; les uns, impatiens du frein, penchent la tête vers la poitrine, tandis que leurs pieds de devant gambadent près de leurs ardentes narines; d'autres, plus heureux ou montés par des cavaliers moins habiles, ont réussi à leur gagner la main : ils portent la tête haute et vont fuir : quelques-uns ont renversé leurs cavaliers; ceux-ci les frappent de la main; d'autres, avant d'avoir été montés, ont réussi à échapper à leurs maîtres, ils fuient çà et là en bondissant; les cavaliers les rattrapent à grand'peine, et cependant, malgré cette fougue, cette ardeur, ils semblent tous de la plus grande douceur, comme tous ceux de la race arabe, dont ils sont les véritables descendans. La plupart, soit qu'ils soient attelés à des chars, soit qu'ils attendent les écuyers qui vont les monter, restent calmes et balancent gracieusement leurs jolies têtes; ceux même qui bondissent, se cabrent et s'enfuient, n'occasionnent aucun accident dans le cortége : on dirait qu'ils évitent avec soin de faire le moindre mal à leurs maîtres; et puis ne craignez rien pour ceux-ci : ce ne sont pas là les hommes de notre époque, gauches, inhabiles, sans grâce, violens à force de faiblesse ; ce sont les hommes des temps héroïques, les hommes du gymnase et du portique. Comme ils dominent leur coursier par la taille, par le calme, par le courage! avec quelle gracieuse confiance ils en approchent, avec quelle énergique assurance ils lui imposent leur volonté, soit qu'ils lui parlent, l'arrêtent, le dirigent, s'élancent sur son dos ou en descendent : vous sentez en eux le roi dominateur de la création. Si Phidias eût peint l'homme écrasant sous le joug de sa supériorité morale le cheval assoupli et courbé comme un esclave, il n'eût mis sous nos yeux qu'une série plus ou moins longue de machines ambulantes ; s'il nous eût montré le cheval terrible, indompté, l'homme furieux et emporté, il nous eût fait craindre que la violence de la brute n'eût eu le dessus. Que serait, chez l'homme, la force du corps sans la force de l'âme! Aussi Phidias nous a-t-il représenté le cheval fougueux et l'homme calme, comprenant l'ordre et l'harmonie providentiels : Τὸ πρατέον ἐπὶ θυμοειδοῦς, ἵππον. C'est à Xénophon à expliquer Phidias. Xénophon, Phidias, grands noms qui rayonnent parmi ceux des victimes de l'ingratitude humaine! l'un mourut en prison, l'autre dans l'exil!

L'époque d'Alexandre suffirait seule pour marquer une ère de l'histoire du cheval. De la Macédoine, contrée célèbre dans l'antiquité par ses rapides coursiers, le fils de Philippe passa comme un brûlant météore dans tous les pays où le cheval était en honneur ; il soumit les Grecs, les Thraces, les Scythes, les Persans, les Assyriens, les Égyptiens, les Indiens ; il créa en un mot cet empire d'Asie, le plus considérable qui ait jamais existé. Ce n'est pas seulement par ses conquêtes, mais encore par lui-même, que l'histoire d'Alexandre se lie avec celle du cheval. Comme tous les grands hommes, Alexandre était cavalier, et sa vie est si intimement associée à celle de Bucéphale, qu'il semble qu'ils n'eussent été rien l'un sans l'autre.

Philippe, son père, se reposait sur les lauriers de Méthone, lorsqu'il apprit trois heureuses nouvelles : il était proclamé vainqueur aux jeux olympiques ; sa femme Olympias venait de lui donner pour fils Alexandre ; enfin Parménion venait de remporter une grande victoire. O Jupiter ! dit-il, ne m'accable pas de tant de bonheurs. Cet homme, qui était né le jour où la cavalerie de son père battait l'ennemi, le jour où les chevaux de son père lui gagnaient les palmes d'Élide, devait être un guerrier et un homme de cheval. Aristote ne se borna pas à développer chez son royal élève les connaissances nécessaires à un souverain : tantôt assis sur des siéges de pierre, dans la solitude de Myèza , il lui dictait ce traité des rois qui malheureusement est perdu ; tantôt monté sur un ardent coursier, guidé par des maîtres habiles, il le faisait voler sur les bords du Strymon, gravir les collines escarpées, franchir les rochers entassés et les ravins profonds. Aussi, à peine sortait-il de l'enfance, qu'il dompta ce cheval fameux dont le nom est devenu proverbial. Quel âge avait Alexandre lorsqu'on lui présenta Bucéphale ? L'histoire ne le dit pas ; cependant, on doit penser qu'il était fort jeune. En effet, Bucéphale mourut à trente ans, dans la bataille que livra Alexandre à Porus sur les bords de l'Hydaspe ; Alexandre avait à cette époque vingt-huit ans ; il était donc plus jeune que son cheval. Bucéphale avait été nourri dans les plaines de Pharsale, par un certain Philonicus, renommé en Thessalie pour l'élève des coursiers :

c'était un cheval magnifique et plein d'ardeur ; son nom
de Bucéphale lui venait, dit l'histoire, de ce qu'il avait
une tête de bœuf. Philonicus, trouvant cet animal digne
d'un roi, le mena à Philippe, et en demanda 16 talens,
environ 72,000 francs de notre monnaie. Le roi fit essayer le coursier en sa présence : mais, parmi ses écuyers,
il ne s'en trouva pas un qui ne déclarât Bucéphale vicieux
et indomptable. Alors, Alexandre, encore enfant, s'é-
cria : « S'ils rebutent ce cheval, c'est qu'ils sont incapables de le monter, faute de hardiesse et d'expérience.—
Jeune homme, lui dit Philippe, prétendrais-tu surpasser
tes anciens?—Oui, sansdoute, seigneur ; je gage de dompter ce coursier.—Et que paieras-tu pour ta folle présomp-
tion? — Le prix du cheval, répondit Alexandre. » Cela
dit, il s'approche du fougueux animal, saisit la bride, et
lui tourne la tête vers le soleil, parce qu'il avait remarqué qu'il s'effarouchait à la vue de son ombre ; il le caresse de la main et de la voix, et, profitant d'un moment
de calme, il laisse tomber son manteau et s'élance sur
le dos du coursier ; usant de ménagemens et d'adresse,
il l'occupe sans le tourmenter ; puis, sentant son impatience calmée, il le pousse à toute vitesse et lui fait parcourir une longue distance, en le pressant sans relâche de
ses jambes nerveuses. Philippe et ses courtisans le suivaient de l'œil avec anxiété ; ils gardaient un profond silence et craignaient qu'une chute ne terminât cette course
fougueuse. Mais, quand, après avoir fourni sa carrière,
ils le virent revenir la tête haute, et fier d'avoir réduit le
superbe animal, tous les courtisans applaudirent avec
transport. Philippe pleura de joie, et, quand le jeune
prince fut descendu de cheval, il lui dit, en pressant sa

tête contre son sein : « O mon fils ! cherche un royaume plus digne de toi ; car la Macédoine est trop petite. » Voilà comment un cheval donna lieu à la conquête du monde.

Nous avons cité le récit historique ; nous le ferons suivre de quelques observations. Le nom de ce cheval ne vient pas de ce qu'il avait *une tête de bœuf*, mais bien de ce qu'il appartenait à cette race de chevaux qui étaient marqués à la cuisse d'une tête de bœuf, et qui, pour cette raison, étaient appelés chez les Grecs *bucéphales*. Nous ajouterons qu'il est à croire que cette coutume de marquer ainsi les chevaux était un souvenir des centaures : les Thessaliens, qui se conformaient fidèlement à cette coutume, prétendaient sans doute, par ce moyen, faire remonter leur race à celles de ces anciens piqueurs de bœufs tellement célèbres par leurs coursiers, qu'on les avait identifiés avec eux.

Nous ne savons trop ce qu'il faut croire du récit des vieux auteurs, relativement à l'inhabilité des écuyers de la cour de Philippe, et au succès du jeune Alexandre, dû à l'observation qu'il avait faite que le cheval *avait peur de son ombre*. Peut-être les courtisans employèrent-ils, en cette circonstance, la politique ou la politesse en usage dans tous les temps envers les fils des rois, et peut-être l'imagination des auteurs a-t-elle eu quelque part à cette première victoire d'un grand conquérant ; quoi qu'il en soit, il reste certain, après le récit qu'on vient de lire, qu'un cheval difficile fut monté, avec adresse et courage, par un enfant, et que cet enfant le mena franchement : or ceci, les écuyers le comprendront, est déjà un grand et beau succès. Combien d'hommes faits sont capables de l'obtenir aujourd'hui, quoique nous devions voir plus tard Turenne débuter comme Alexandre dans sa carrière de gloire ?

Alexandre prit en grande affection sa conquête : il montait lui-même Bucéphale et le réserva pour les périls des batailles. Aussi Bucéphale connaissait-il son maître et lui portait-il l'attachement le plus dévoué. Lorsque ce noble animal n'était point couvert de son harnais, il consentait à porter les hommes qui le soignaient ; mais aussitôt que la housse de guerre retentissait sur son dos, Alexandre seul pouvait en approcher. A sa vue, il se mettait à genoux, selon la coutume des chevaux dressés pour les cavaliers à une époque où l'usage des étriers était inconnu. Plus d'une fois, Alexandre dut la vie à la vigueur et à la rapidité de son coursier : ce fut surtout à l'attaque de Thèbes que Bucéphale déploya cette intelligence et ce grand cœur, si dignes du héros, son ami. Blessé, sanglant, il ne cessa de courir à l'ennemi, et, lorsque son maître voulut le quitter pour en prendre un autre, il témoigna par son impatience et ses hennissemens qu'il voulait encore combattre. Alexandre, enchanté de ce courage, qui s'alliait si bien au sien, ne s'en sépara point de la journée.

Les auteurs ne s'accordent pas au sujet de la mort de Bucéphale. Les uns veulent qu'il ait succombé à ses blessures, dans la bataille qu'Alexandre livra à Porus sur les bords de l'Hydaspe. Enveloppé par la cavalerie ennemie, accablé par le nombre, le vainqueur du monde, malgré des prodiges de valeur, allait succomber, quand Bucéphale, quoique blessé à mort, redoublant d'ardeur et de vitesse, l'arracha au plus grand péril qu'il eût jamais couru, le ramena dans sa tente, et satisfait, rendit le dernier soupir.

D'autres disent qu'il mourut plein de jours et de gloire, âgé de 30 ans. Quoi qu'il en soit, Alexandre pleura son coursier; sa perte lui fut aussi sensible, dit-il, que celle d'un ami sincère et dévoué : triste aveu dans la bouche du meurtrier de Clytus et de Callystène; mais les cœurs des grands hommes ont de mystérieux replis, et ne se pèsent pas aux balances communes.

Alexandre fit faire à son coursier chéri de magnifiques funérailles, auxquelles il assista lui-même. Il lui fit en outre élever un tombeau sur les bords de l'Hydaspe, au lieu même où il avait été frappé. Autour de ce tombeau, il jeta les fondemens de la ville de Bucéphalie, *Alexandria Bucephalus*. Quelques savans pensent que cette ville est aujourd'hui celle de Lahore, capitale du royaume de ce nom.

Alexandre solennisa le passage du Granique, qui lui ouvrait l'Asie, en se faisant représenter sur Bucéphale au milieu des cavaliers de son armée qui perdirent la vie en cette occasion.

Les conquêtes d'Alexandre ont étendu les connaissances humaines; elles ont porté la civilisation grecque dans toute une partie du monde; elles réveillèrent sur leurs trônes les rois d'Ecbatane et de Memphis, et ceux des rives inconnues de l'Indus et de l'Oxus. Les jeux guerriers qui avaient pris naissance en Asie, mais que la Grèce avait singulièrement modifiés et améliorés, furent reportés par Alexandre à leurs antiques berceaux. Après avoir fait célébrer des solennités équestres sur le tombeau d'Achille, aux sables d'Ammon, près du mausolée d'Ephestion, dans les champs Babyloniens, et partout où s'étendit son éphémère et magnifique empire, il laissa son trône à des successeurs inhabiles, qui se déchirèrent les uns les autres. Mais les habitudes hippiques gagnèrent au moins quelque chose à tout ce mouvement, et, pendant de longs siècles, les Hippodromes des cent Alexandries conservèrent un brillant reflet des souvenirs d'Homère et des jeux d'Olympie.

CHAPITRE VI

En dehors des grandes civilisations dont nous avons parlé, grandissaient dans l'ombre diverses peuplades errantes, qui se fixaient peu à peu au sol et jetaient les fondemens des nations futures. Se dévorant les unes les autres, comme les soldats de Cadmus ; frappant tour à tour aux portes des peuples rois, qu'ils finirent par abattre et briser de leurs haches sauvages, quelques-unes se firent un nom qui traversa les âges. Or, il est à remarquer que celles-ci furent les plus cavalières : le reste n'a laissé qu'une page dans l'histoire, et sur la terre, que quelques débris. Nous allons jeter un coup d'œil sur les familles humaines égarées dans les froides régions du Nord, et sur celles qui, peu à peu, affrontant les feux du soleil, allèrent peupler les confins de l'Asie et se répandre sur les côtes européennes de l'Afrique, familles que

la Grèce et Rome avaient, dans leur orgueil égoïste, insolemment stigmatisées du nom d'étrangers ou barbares
(βάρβαροι).

Pères des Russes et des Tartares modernes, les Scythes occupaient cette vaste contrée comprise entre la
mer Caspienne, la mer Noire et l'intérieur de l'Asie orientale. C'était un peuple guerrier. La chasse et la garde
des troupeaux étaient ses occupations. La Fable lui
donne une origine où le cheval se trouve mêlé, comme à
celle de tous les peuples fameux. Voici ce qu'elle raconte
à ce sujet : Echidna, princesse hyperboréenne, enleva
un jour les cavales d'Hercule. Le héros la poursuivit, et,
l'ayant retrouvée, il fit alliance avec elle. Il en eut trois
enfans : Agathèse, Gélon et Scythe. Celui-ci donna son
nom à la Scythie et fut le père des rois de cette contrée.

La mythologie de ce peuple n'avait eu garde d'oublier
le cheval dans ses mystères. Les Scythes adoraient le soleil
sous la figure d'un cheval. Chaque année, au bruit des
instrumens, sur une colline élevée, ils plantaient un pieu
en terre, y suspendaient une vieille épée, image du dieu
de la guerre, à laquelle ils donnaient le nom d'Acinax,
et ils sacrifiaient des chevaux à cette divinité.

Les Scolotes passent, parmi les peuplades scythiques,
pour avoir introduit la science de l'équitation dans les humides contrées du Nord. Par un usage aussi ancien que
leur monarchie, leur roi se rendait tous les ans dans un
lieu où l'on conservait une charrue, un joug, une hache,
le tout d'or massif, et que l'on disait être tombé du ciel. Il
se faisait en ce lieu de grands sacrifices. Le scolote à qui,
pour ce jour, la garde du trésor était confiée, ne voyait
jamais, disait-on, la fin de l'année. En récompense, on as-

surait à sa famille autant de terre qu'il en pouvait parcourir dans un jour, monté sur un cheval. Quoi qu'il en soit, les Scythes étaient renommés, parmi les peuples anciens, par l'attachement qu'ils portaient à leurs chevaux. Ils possédaient d'excellentes races, qu'ils élevaient avec le plus grand soin. Aussi avaient-ils de vigoureux et magnifiques coursiers. Ils préféraient les jumens aux chevaux : ils pensaient qu'elles étaient d'un caractère plus doux et surtout moins bruyantes dans les combats.

Achias, roi des Scythes, pansait lui-même son cheval.

Les Scythes racontent aussi mille traits à la gloire de leurs chevaux. Un de leurs rois ayant été tué dans un combat, son cheval écrasa, dit-on, avec ses pieds et déchira avec ses dents le vainqueur, qui s'était approché pour s'emparer des dépouilles du vaincu.

Les Sarmates étaient des peuplades errantes qui donnèrent naissance, plus tard, aux nations de Pologne, de Livonie et d'une partie de la Prusse. Ils étaient fiers et valeureux, et leurs fils n'ont pas dégénéré. Leurs femmes mêmes avaient un caractère belliqueux, dont plus d'une moderne Sarmate a donné de nos jours de glorieux exemples.

Ces peuples élevaient des chevaux de grande taille et pleins d'énergie ; ils les montaient avec adresse à la chasse et dans les combats, et les mêlaient jusqu'aux mystères de leur religion. Les Slavons avaient un Centaure appelé Polkan, auquel ils attribuaient une force et une vitesse prodigieuses. Voici, en outre, une de leurs superstitions concernant le cheval et qui se retrouve, d'ailleurs, chez presque tous les peuples du Nord : Le dieu du soleil et de la terre s'appelait *Swetowd ;* ses principaux autels étaient dans l'île de Pugen et dans la ville Slavonne d'Acron. On lui consacrait un cheval blanc. Il n'était permis qu'au prêtre du dieu de monter ce cheval et de lui couper les crins de la crinière et de la queue. On pensait que le dieu le montait souvent, pour combattre l'ennemi. En effet, après l'avoir laissé la veille au soir bien pansé et attaché au râtelier, on le trouvait le matin couvert de sueur et de boue, comme s'il eût fait une grande course. C'était encore ce cheval qui pronostiquait le bon ou le mauvais succès de la guerre. On plantait, devant le temple, six lances, deux à deux et, à chaque paire, on en attachait une troisième en travers, assez bas pour que le cheval pût enjamber par dessus sans être contraint de sauter. Après de longues prières, le prêtre prenait le cheval par la bride, lui faisait franchir les lances en marchant : si le cheval les franchissait en passant toujours le pied droit le premier, l'augure était favorable ; mais si c'était le pied gauche qu'il passait avant le droit, le présage était funeste. On immolait quelquefois à cette idole des chrétiens prisonniers. On les amenait armés de toutes pièces, montés sur leurs chevaux ; on attachait les jambes de chaque cheval à quatre pieux ; puis on mettait le feu à deux bûchers dressés des deux côtés, et on brûlait tout vifs le cheval et le cavalier.

Les Danois, avant d'être chrétiens, faisaient tous les neuf ans au solstice d'hiver, un sacrifice monstre de 99 hommes et d'un nombre égal de chevaux, de chiens, de faucons et de poulets.

Voici venir maintenant un peuple fameux entre les

plus fameux ; car toutes les nations de l'Europe moderne
vont rechercher dans les palais de nuages de ses dieux,
dans les profondeurs de ses sombres forêts, dans les
mystères de ses fastes , leurs plus beaux titres de noblesse. Les Germains, partis primitivement, comme tous
les peuples , des plateaux de l'Asie, s'organisèrent de
bonne heure en société, sous la conduite du grand Odin,
à la fois législateur et guerrier. C'étaient d'abord des
peuplades nomades , qui vivaient du produit de leurs
troupeaux et de celui de leur chasse. Mais, à la différence
des peuples d'Orient, au lieu d'un climat doux et facile,
n'imposant à l'homme ni travaux ni privations, et endor-
mant ceux qu'il nourrit dans les langueurs d'une éternelle indolence, les Germains trouvèrent un ciel sombre
et pluvieux, des marais fertiles, mais exigeant d'immenses et incessans travaux ; des forêts impénétrables , où
mugissaient l'Urus, le Bison, l'Auroch, nobles ennemis
qui vendaient chèrement leur vie et savaient attaquer et
se défendre ; d'énormes sangliers qu'il fallait attaquer
corps à corps avec l'épieu ; des loups féroces, dont les
bandes nombreuses se jetaient sur les troupeaux et les
bergers. Aux prises avec toute la nature , le Germain
grandit par le corps et l'esprit. Il devint assez robuste
pour résister aux plus rudes travaux, braver tous périls,
et affronter les plus terribles combats; il devint assez ingénieux pour comprendre qu'il y avait un parti à tirer des
travaux, des dangers et des combats. Tous les historiens
s'accordent à vanter la beauté , la force de corps, la
vaillance et l'intelligence de ces premiers Germains.
Leurs yeux bleus lançaient des flammes; leur chevelure
ondoyait dans les batailles comme une crinière de lion.

Il est à croire néanmoins que tant de qualités n'eussent fait d'eux qu'un peuple isolé dans le monde, qu'ils fussent restés cachés dans leurs forêts, sans l'amour du cheval, qui leur donna le goût des voyages et des migrations. De là à la conquête, il n'y avait plus qu'un seul pas. Les Germains portaient pour enseigne un cheval blanc, lancé au galop, symbole de leurs courses vagabondes, quand, sous le nom de Cimbres et de Teutons, de Francs et de Normands, ils vinrent rajeunir le sang de l'Europe usée, tombée, brisée sous le faix des vieilles civilisations. Nous trouvons le cheval divinisé dans la mythologie germaine. Odin, le roi des palais aériens du Wahalla, monte un cheval nommé Sleipnir, dont il se sert pour parcourir les vastes cieux et pour aller, devant le front des batailles, encourager les combattans. Sleipnir a huit pieds et la rapidité de l'aigle; les laboureurs, en faisant leurs moissons, ont coutume de laisser pour lui quelques épis, les plus beaux de leur champ. Les héros, admis dans le paradis des nuages, sont éveillés chaque matin par le chant du coq; ils se revêtent de la dépouille des ours et des sangliers; ils prennent leurs armes redoutables et se préparent au combat; la lutte s'engage furieuse; le sang coule; les têtes se fendent sous les haches pesantes; les épieux et les lances d'airain déchirent les chairs palpitantes. Mais bientôt l'heure du repas arrive, un baume divin coule sur les blessures et les cicatrise à l'instant; les guerriers remontent sur ces mêmes coursiers qui firent jadis leur gloire et furent pendant leur vie l'objet de leur soin et de leur amour; ils vont boire l'hydromel dans le crâne des vaincus et manger le lard du sanglier *Serimner*.

Pour communiquer avec le monde, les dieux ont bâti en forme de pont l'arc du ciel. Au milieu est un sillon de feu pour empêcher les géans d'y passer ; chaque jour, la troupe divine monte et descend à cheval par cette route aérienne. Thor, lui seul, est obligé de la suivre à pied, car il est si gros et si lourd, qu'aucun cheval ne pourrait le porter.

Nor fut père de la Nuit, laquelle est noire comme toute sa famille. Celle-ci eut de Daglinger, de la race des dieux, un fils nommé le Jour, brillant et beau comme toute la famille de son père. Alors le père universel prit la Nuit et son fils le Jour, les plaça dans le ciel, et leur donna deux chevaux et deux chars, pour qu'ils fissent, l'un après l'autre, le tour du monde. La Nuit va la première sur son cheval, appelé *Rinfaxe* (crinière gelée), qui, tous les matins, en commençant sa course, arrose la terre de l'écume de son frein ; le cheval du Jour s'appelle *Sinfaxe* (crinière lumineuse), et de sa crinière brillante, il éclaire le ciel et la terre.

Quelquefois on donnait deux chevaux à la Nuit et deux au Jour. *Sool* (le soleil) était le conducteur des chevaux de *Dagur* (le jour). Ces chevaux s'appelaient *Alsvidr* (qui brûle tout), et *Arvkr* (matinal). *Maan* (la lune) conduisait à son tour les chevaux noirs de la Nuit. Goudula, une des déesses qui présidaient aux combats, était toujours à cheval. Les Walkyries, ces trois sœurs funèbres, qui vont choisir dans les batailles ceux qui doivent mourir, montaient chacune un ardent coursier. Brinkild montait *Wings Kormir* (qui fend l'air avec ses ailes). L'Edda célèbre un grand nombre de coursiers : *Blodu-ghofi* (sabot sanglant), cheval de Freyd ; *Gulfaxi* (crinière dorée), coursier du géant Hringuid; *Hofvarpuir* (frappant du pied), cheval de Gna, messagère de Freya, et plusieurs autres.

C'était une noble occupation chez les Germains de fabriquer soi-même les ustensiles de chasse et d'équitation. Le dieu *Soki*, allant à la recherche du marteau de Thor, qui lui avait été volé par le géant Thrym, trouva celui-ci assis sur une montagne, chantant la chanson du matin et façonnant des colliers pour ses chiens et des harnais pour ses chevaux.

Les Germains nourrissaient à frais communs, dans les bois sacrés, des chevaux blancs, dont ils tiraient des présages. Personne n'y pouvait toucher en aucune manière. Le prêtre seul, avec le prince de la nation, les attachaient à un chariot sacré, les accompagnaient et observaient leurs frémissemens et leurs hennissemens. Il n'était aucun présage auquel non seulement le peuple, mais encore les principaux de la nation, ajoutassent plus de foi.

Les Scandinaves et les Germains immolaient aux dieux les hommes condamnés à mort pour quelque crime, des sangliers et surtout des chevaux blancs. S'ils avaient une injure à venger, ils prenaient la tête d'un cheval mort, la posaient sur un pieu et la tournaient comme un signe de malédiction du côté de leur ennemi.

Antyre, héros d'un des poëmes du Nord, a un cheval appelé Bukranos; c'était un animal monstrueux, aussi dur que la pierre; il avait une tête de taureau, et, du bout de ses pieds, il faisait jaillir des étincelles de feu sur la route.

Bukranos (tête de bœuf) : c'est un souvenir des Centaures, le Bucéphale d'un Alexandre hyperboréen.

Les héros de Sagas se vantaient de leurs bons destriers. Dans l'épopée de Sigurd, Gunnard et Hogni ne veulent pas écouter les sages avertissemens de leur sœur Gudrun. « Nous avons, disent-ils, un bon cheval et une bonne » épée, que craignons-nous ? »

On trouve dans le même poème, un touchant exemple de cet instinct si généreux du cheval, qui lui défend de fouler à ses pieds le corps de l'homme, à moins d'y être forcé ou entraîné malgré lui, fait dont tout le monde est témoin, soit sur le champ de bataille, soit dans les chutes de cheval qui ont lieu journellement. Swanilde, fille de Sigurd, ayant épousé Zarmerik, celui-ci la crut infidèle et la condamna à être foulée aux pieds des chevaux. Elle était si belle, dit le poète, que les coursiers ardens qui s'élançaient contre elle, s'arrêtèrent à son aspect et n'osèrent la toucher ; on la couvrit d'un sac, et alors seulement ils l'écrasèrent.

Nous retrouvons encore dans la Germanie cet antique nom du cheval, *march*, qui se rencontre dans le langage primitif d'un grand nombre de peuples. Les *Marcomans* étaient une peuplade germaine. *Marck* est le nom d'une rivière d'Allemagne ; plusieurs noms d'hommes, tels que *Marcomir*, *Marculf*, ont pour racine le nom du cheval. Enfin le titre de *marc-sclalck* était porté, chez les anciens peuples du Nord, par les officiers qui avaient le soin des chevaux dans les maisons des chefs. Ce nom, d'où est venu plus tard le titre de maréchal, a été donné par suite aux hommes employés à ferrer les chevaux. Le maréchal de France et le maréchal-ferrant ont tous deux pour patron le gardien des écuries des anciens Germains.

D'après Tacite et César, les chevaux des Germains étaient d'une petite taille et d'une conformation peu gracieuse. On lit dans *Les Commentaires* : « Quoique les » chevaux qui naissent en Germanie soient petits et dif- » formes, on sait cependant, par un exercice journalier, » les rendre très bons pour le travail. Dans les combats » équestres, les Germains descendent souvent de cheval » et combattent à pied ; ils accoutument leurs chevaux à » rester à la même place, et, lorsqu'ils veulent s'en ser- » vir, ils retournent en courant vers eux. Rien n'est » plus contraire à leurs habitudes et ne passe même pour » plus honteux et plus affreux que de se servir d'*ephip-* » *pia*. C'est pourquoi ils ne craignent jamais, quoiqu'en » petit nombre, d'affronter quelque nombre que ce soit » de cavaliers faisant usage d'*ephippia*. »

César estimait fort la cavalerie germaine, et, dans ses guerres des Gaules, il se faisait toujours accompagner d'un corps de quatre cents chevaux gaulois. Nous reviendrons sur les habitudes équestres des peuples du Nord, en parlant de leurs conquêtes du moyen-âge.

Les Gaulois, nos pères, occupèrent jadis de vastes contrées vers l'Italie, l'Espagne et les bords du Rhin ; mais nous ne parlons ici que de la Gaule proprement dite, ou la France actuelle, et des îles britanniques, comprenant les peuplades soumises à la loi des druides et au culte de Teutatès.

La mythologie de ce pays fut une des plus pures de l'antiquité ; elle ne reconnaissait qu'un seul dieu, dieu inconnu, créateur du ciel et de la terre, rémunérateur du bien et du mal. Le nom de ce dieu varia selon les temps

et les contrées : ici, c'étaient Belenus, Teutatès ou Teut ;
là, Hésus, Dès, Taranis, Hu, Gadam.

Quoi qu'il en soit de ces noms divers, il paraît certain
que le culte druidique était dérivé du culte mithratique,
qui se répandit de la Perse chez presque tous les peuples. Mithra, ou le soleil, fut symbolisé par le cheval,
emblème de la course incessante de l'astre du jour dans
la voûte des cieux. Le nom de Dieu, θεός chez les Grecs,
Tot, Teutatès chez les Gaulois, vient de θέειν *courir*. Le
cheval devint donc le symbole du Dieu suprême, depuis
les champs de la Chaldée jusqu'aux marais de Germanie, où sa course et ses hennissemens furent pris pour
des oracles. Nous avons vu déjà le culte de Mithra passer
de la Perse jusque chez les Hébreux, et partout nous
avons observé l'immolation du cheval dans les détails du
culte rendu au soleil.

Nous retrouvons dans la Gaule le cheval symbolique,
depuis les temps les plus anciens jusqu'aux derniers
jours. Les médailles gauloises ne laissent aucun doute à
cet égard : elles ne furent d'abord qu'une imitation grossière des médailles grecques ; mais cette imitation fut
ramenée insensiblement aux idées mystiques de la nation.

Voici les principaux types de chevaux de la numismatique gauloise :

Cheval libre, sans selle ni bride, — grossières ébau-
ches d'imitation grecque ; — chevaux attelés à un char,
chevaux montés ; — bige macédonien, retour à la sym-
bolisation ; — le cheval et le sanglier, ce type éminemment
gaulois, ce *sus Gallicus* qui remplissait les forêts de la
Gaule ; — Pégase, ou cheval ailé ; — cheval monté par

un guerrier, par un animal fantastique; — conduit en bride par un aigle; — Centaure, ou cheval à tête humaine, appelé cheval Androcéphale par le savant M. Lambert, qui pense que son apparition sur les médailles date de l'an 200 avant notre ère : quelquefois l'Androcéphale tire un char ou seulement une roue; il est souvent accompagné du sanglier, ou il foule aux pieds un personnage renversé, probablement Arrhiman, l'auteur du mal, l'ennemi d'Ormuzd et de Mithra;—enfin, second retour à l'imitation étrangère, médailles consulaires, chevaux montés, type des Dioscures, chevaux attelés, biges et quadriges.

Généralement, les chevaux des médailles gauloises sont grossièrement dessinés et ne peuvent donner aucun indice sur la conformation du cheval gaulois; cependant, on en trouve quelques-uns d'un remarquable dessin, et qui n'ont aucun rapport, pour la conformation, avec ceux des médailles grecques ou romaines. Ces types ont plus d'ampleur, leurs formes sont plus arrondies, leur encolure est plus haute et leur tête est bien ramenée : c'est bien le cheval majestueux d'Armorique, que nous retrouverons, sous différens noms, dans la suite des siècles.

Non seulement le cheval se montre comme symbole sur les monnaies gauloises; mais encore plusieurs statuettes de chevaux, trouvées en divers lieux, ne permettent pas de douter qu'une importance mystérieuse ne fût attachée, chez nos pères, à ce noble animal.

La cérémonie du cheval *Mallet*, qui avait lieu naguère dans l'ancien pays de Retz, tient évidemment au culte du cheval et aux mystères mithratiques : nous en parlerons au chapitre des chevaux français.

Nous ajouterons encore ici que, dans les fêtes d'Hir-mensul, haute pierre du soleil (Hir-men-sul), toute la noblesse montait à cheval et faisait des évolutions autour de l'emblème du dieu.

Il y avait chez les Gaulois trois classes d'hommes : le peuple, les chevaliers et les druides. Les druides étaient la classe savante et religieuse ; les chevaliers, la classe guerrière ; le peuple travaillait à la terre et se livrait au commerce et à l'industrie. Le chevalier était appelé *marc'hec* ; la cavalerie, *marc'h kesec* (mot à mot, *cheval, chevaux*), pluriel de *marc'h*. Les Grecs et les Romains appelaient la cavalerie gauloise *markisia* et *trimarkisia : Galli equestris pugnæ institutionem trimarkisiam nominant patria voce.*

Le nom du cheval, en celtique, est *marc'h :* ἵππου ὄνομα μάρκα ὑπὸ τοῦ Κέλτου. Nous avons déjà rencontré ce nom chez plusieurs nations celtiques, pures ou mélangées, comme racine de noms de lieu, de peuples, de fleuves, d'hommes et de dignité. Il n'est pas étonnant que nous le trouvions fréquemment dans les Gaules, où la race celtique a subsisté jusqu'à nos jours, chez les peuplades bretonnes, galloises, écossaises et irlandaises. Ce mot est d'une haute importance comme radical : il entre dans la composition d'une foule de noms et de mots, dont plusieurs ont été détournés de leur signification primitive. Nous rappellerons ici brièvement ceux que nous avons cités, et donnerons la signification des principaux d'entre les autres.

On se souvient que, chez un grand nombre de nations tant anciennes que modernes, le nom *marc'h*, ou ses analogues *mare, marach, mare,* a conservé la signification du nom masculin ou féminin du cheval. Voici mainte-

nant la plupart de ses dérivés : *Mars*, nom du dieu de la
guerre ; *Marc*, et *Marcus*, *Marsyas*, *Marcé*, *Marsus*,
Marcomir, *Marculf*, *Maroboduus*, *Guiomarch*, *Gui-
mard*, noms d'hommes ; *Marses*, peuples de l'Italie près
le lac Fusin ; *Marcomans*, peuples de la Bohême ; *Danemarck*, royaume encore existant ; *Marck*, rivière d'Allemagne ; *Penmarck*, *Marignan*, *Marigny*, *Mariem-
bourg*, *Marcigny*, noms de lieux ; parmi les maisons nobles, en Europe, les *Marck*, en Bourgogne ; *Markhausen*,
en Allemagne ; *Marsh*, en Hollande ; *Konigsmarck*, en
Suède ; *Penmarck*, *Marc'hec*, *Marc'halla*, en Bretagne ;
Parmi les noms de dignité, *polemarque*, chef militaire,
chez les Grecs πολέμαρχος, (*apud Græcos dux equitum in
bello*) ; *maréchal* (*qui equorum gerit curam, qui præest
stabulo*), par suite, chef de la cavalerie ; *marquis*,
de *marc'hec*, prononcez *marec*, écuyer, cavalier ; en
grec μάρχεια cavalerie ; en latin *marchio*, homme de
guerre ; d'où *marquess*, en anglais ; *marquese*, en italien ;
marques, en espagnol ; *baron*, de *marc'h*, par le changement fort usité de *m* en *b* ; enfin, *margraff* (*præfectus
equitum*), chef des cavaliers, dignité propre aux états
d'Allemagne. *Marc'h* a encore donné naissance aux mots
suivans : *marchand*, *mercator*, qui vend des chevaux ;
marché, lieu où l'on vend des chevaux ; *marcher* (*am-
bulare*), répondant à l'ancienne expression française
chevaucher ; *marches*, frontières, là où s'arrêtait l'étendard des peuples du Nord, représentant un cheval ; *marc*,
division de la livre, ainsi appelée de la figure d'un cheval, empreinte sur les médailles grecques, gauloises,
romaines (consulaires) et sur celles de la plupart des nations anciennes, etc.

Les Gaulois avaient emprunté plusieurs mots d'équitation aux Grecs, entre autres *ῥόα*, *rhoda*, char de course léger ; *éphorèdes*, cochers qui inspectaient les chars, du grec *ἐπί*, *ὁράω*, *ῥέδη*. Ils faisaient usage d'un char à quatre roues, que les latins appelaient *petoritum*, du celtique *petoar*, quatre, et *rot*, roue.

Les Gaulois, comme la plupart des peuples du Nord, croyaient retrouver après leur mort dans les palais aériens, les occupations, les soins, les habitudes, les plaisirs de leur vie. Aussi se faisaient-ils suivre dans la tombe par leurs armes, leurs chiens et surtout leur cheval de bataille. C'était lui qu'ils devaient monter au jour du solennel réveil, dans le cercle de félicité. Depuis deux mille ans, aux grands ossuaires dont nos campagnes sont semées, dorment des héros inconnus. En remuant leur poussière, en soulevant curieusement la lourde pierre de la tombe, l'antiquaire retrouve un à un ces secrets de la vie, ensevelis sous vingt siècles de révolutions et d'oubli. Quelques cendres rougeâtres, des ossemens blanchis, des ornemens incompris et des armes brisées, voilà ce qu'il explore d'un œil avide et sec ; tandis que, sur la rouge bruyère, les jeunes Gaulois, apercevant de loin le *kern* ou le *menbé*, dernière demeure de l'ancien chef du clan, croyaient le voir dans les nuits sombres, assis sur son coursier, excitant ses chiens à la poursuite du cerf ou de l'urus, ou se ruant tête baissée dans la mêlée des batailles.

Les Gaulois poussèrent fort loin la science de l'équitation. En contact avec la Grèce par la colonie des Massiliens, avec l'Espagne par les guerres d'Annibal, avec l'Italie par les invasions de Brennus et celles qui suivirent, ils acquirent une habileté si grande dans toutes les pratiques équestres, que leur cavalerie, à l'époque de César, était la plus renommée du monde et qu'elle fit plus tard la principale force des armées romaines. Une remarque curieuse, c'est que tous les termes du manége employés à Rome étaient d'origine gauloise.

Ce fait est cité par Arrien, qui vivait sous les règnes d'Antonin et de Marc-Aurèle.

D'après Pausanias, la cavalerie gauloise, qu'il appelait τριμαρκισία, était entièrement composée de chevaliers. Chacun d'eux avait sous ses ordres deux écuyers. Ceux-ci se tenaient derrière leur maître dans la bataille, soit pour lui présenter un de leurs chevaux, s'il était démonté ; soit pour l'emporter de la mêlée, s'il était blessé ; soit pour parer les coups qui lui étaient portés, soit enfin pour lui donner des armes de rechange. En cas de mort, le chevalier était remplacé par un de ses écuyers, et celui-ci à son tour par son compagnon. N'est-ce pas là l'origine de la chevalerie, et ces lignes ne semblent-elles pas un anacronisme de mille ans?

Au rapport de Strabon, les Gaulois étaient de très bons cavaliers et se battaient mieux à cheval qu'à pied. Durant les guerres d'Afrique, trente cavaliers gaulois, sous les ordres de César, mettent en fuite deux mille cavaliers numides et les poursuivent jusque sous les murs d'Andrumèle.

Parmi les contrées les plus renommées pour leur cavalerie, l'histoire cite le pays *de Trèves (quorum inter Gallos virtutis opinio est singularis)*, et celui des *Soutiates.* On ne sait pas précisément à quelle contrée répond ce pays : on a pensé que ce pouvait être la vallée de Lavédan, en Bigorre, célèbre dans tous les temps par l'excellence des chevaux qu'elle produit et qui sont un des types de la race navarine.

Le goût des Gaulois pour les chevaux était si prononcé, qu'Annibal fit battre entre eux des prisonniers de cette nation, en promettant un cheval à celui qui tuerait son adversaire.

Les Gaulois connaissaient l'usage du char de guerre ; quelquefois il le garnissaient de faulx. Lorsque César aborda chez les Bretons insulaires, des chars qu'il appelle *essèdes*, attelés de petits chevaux intrépides, échevelés, sauvages comme leurs conducteurs, effrayèrent les phalanges romaines et jetèrent le désordre dans leurs rangs.

Il paraît que les chars étaient en nombre immense dans les armées des Celto-Bretons ; car César remarque que Cassivelanus, ayant perdu tout espoir de résister aux Romains, congédia la plus grande partie de son armée et ne garda que *quatre mille* Essédaires. Le général historien admira, chez ces guerriers, dignes pères des Anglais de nos jours, la manière dont ils savaient conduire un char, manier un cheval, le pousser dans les flots, jusque contre les navires. Il les représente s'élançant au combat, circulant et voltigeant de tous côtés, portant l'épouvante parmi les Romains, avec le choc de leurs terribles coursiers et le bruit de leurs chars ; descendant à toute vitesse les côtes les plus rapides, arrêtant court leurs chevaux, les faisant tourner dans l'espace le plus étroit, et, joignant l'habileté à l'adresse, sautant eux-mêmes sur le timon des chars, s'y tenant d'un pied ferme et sûr, y combattant, puis soudain se réfugiant dans l'intérieur, comme dans une mouvante forteresse.

« Le char, le rapide char de bataille de Cuchullin,

» noble fils de Semo, vient comme la flamme de la mort ;
« il roule comme un flot qui approche du rocher, ou
» comme un nuage d'or qui approche de la terre. »

Quelques auteurs ont prétendu que les chevaux des
Gaulois, comme ceux des Germains, ne brillaient ni par
l'élégance, ni par la rapidité, ni même par la taille. On
convient néanmoins qu'ils étaient robustes, sobres et
pleins d'énergie. Quoi qu'il en soit, il ne faut pas prendre
à la lettre ce que disent, des peuples vaincus, les auteurs
latins, qui, la plupart, ne parlaient que par ouï-dire. On
doit concevoir d'ailleurs que ces chevaux, aux formes
athlétiques, aux vastes crinières, à la queue large et flottante, devaient paraître informes aux yeux de ces républicains dégénérés qui ne voyaient autour d'eux que le
léger, luisant et sémillant cheval italien, type effacé du
beau sang oriental et grec, quoique gracieux encore, rapide encore et portant encore dans son œil superbe un
fier rayon du soleil d'Orient.

Mais César a rendu justice aux chevaux gaulois. Il les
oppose aux chevaux germains : Les Germains, dit-il,
n'importent pas pour leur service ces chevaux dont les
Gaulois sont si amateurs et auxquels ils mettent de si
grands prix. *Quin etiam jumentis, quibus Galli maxime
delectantur, quæque impenso parant pretio, Germani
importatis non utuntur.*

Outre les remontes que l'armée romaine faisait dans
les Gaules, elle achetait aussi des chevaux en grand nombre en Italie et en Espagne, pays si longtemps renommés
pour le mérite de leurs coursiers. Mais, si l'on en excepte
les troupes auxiliaires, la cavalerie romaine ne pouvait
tenir contre celle des Gaulois. César lui-même nous

laisse un éclatant monument de ce fait, en nous donnant le discours de Vercingétorix à ses soldats : « Quant aux » cavaliers romains, dit celui-ci, ne pensez pas qu'un » seul d'entre eux ose vous attaquer. » César ne trouve rien à répondre à ce mot audacieux ; jamais aucune parole ne valut cet éloge muet.

Le cheval servait aussi aux mystères du druidisme. « Lorsque l'Eubage allait s'emparer de l'œuf de serpent, il montait un coursier rapide. Arrivé près du lieu où les hideux reptiles préparaient le talisman, il descendait à terre et attendait l'instant où l'œuf, imprégné de bave, se soutenait dans l'air au souffle infecté des serpens. L'Eubage s'élançait aussitôt ; avant qu'il touchât la terre, il le recevait dans un lin précieux, saisissait son coursier et s'enfuyait à toute vitesse, poursuivi par les serpens, qui ne cessaient de s'attacher à ses pas qu'après qu'il avait mis une rivière entre eux et lui. »

Le souvenir de deux célèbres coursiers se mêle aussi, dans l'histoire, au dernier jour de la nationalité gauloise : Le cheval de César, cheval aux pieds humains, avait fait prédire à son maître qu'il aurait l'empire du monde ; Vercingétorix, couvert d'une armure éclatante et monté sur un brillant coursier, vint en caracolant devant la tente de César, lui porter lui-même cette épée qui, si longtemps, avait retardé la chute de sa patrie.

L'Ibérie a fourni de poétiques inspirations aux premières nations civilisées : là, s'élevaient les colonnes d'Hercule, qui sont demeurées les forteresses de l'Espagne ; là, roulaient, sur un sable d'or, le bétis et le mundégo ; là, des dragons gardaient les pommes mystérieuses du jardin des Hespérides ; là, des cavales sauvages, fécondées par les vents, donnaient le jour à des coursiers rapides comme leurs pères. Cette dernière allégorie a été prise à la lettre par tous les peuples de l'antiquité, et, au grand étonnement de notre siècle positif, les plus beaux génies de Rome, Pline, Warron, Columelle, Elien, en ont sérieusement parlé. C'est que tout devient merveilleux sur une terre de merveilles : la douceur de son climat, la fertilité de son sol, l'urbanité de ses fils, la beauté sans égale de ses filles, suivaient les audacieux navigateurs qui s'aventuraient jusqu'au célèbre détroit, les accompagnaient au foyer domestique pour y dorer leurs souvenirs et les bercer dans d'agréables rêves. Virgile a consacré cette allégorie dans des vers que Delille traduit ainsi :

> Des cavales surtout rien n'égale les feux ;
> Vénus même alluma leurs transports furieux,
> Quand, pour avoir frustré leur amoureuse ivresse,
> Elle livra Glaucus à leur dent vengeresse.
> L'impérieux amour conduit leurs pas errans
> Sur le sommet des monts, à travers les torrens ;
> Surtout lorsqu'aux beaux jours leur fureur se ranime,
> D'un rocher solitaire elles gagnent la cime.
> Là, leur bouche brûlante, ouverte aux doux zéphyrs,
> Reçoit avidement leurs amoureux soupirs.
> O prodige inouï ! le zéphyr les féconde.
> Soudain du haut des monts, leur troupe vagabonde
> Bondit, se précipite et fuit dans les vallons.

Les chevaux d'Espagne venaient directement de l'Afrique. De tout temps, le voisinage de l'Afrique et de l'Espagne a donné lieu aux communications les plus suivies entre les peuples de ces deux pays, quoique ces communications aient souvent fait verser des flots de sang. Le cheval espagnol primitif était le cheval africain, ou plutôt le cheval arabe lui-même, qui, comme nous l'avons vu, avait peu dégénéré, en descendant à chaque siècle le long *du fleuve du milieu*, ce *lac intérieur* autour duquel a rayonné, pendant cinq mille ans, la civilisation du monde.

Durant les siècles qui s'écoulèrent depuis la découverte de l'Ibérie, par les Phéniciens, jusqu'à l'arrivée des barbares du Nord, cette contrée s'éleva rapidement vers l'apogée de tout progrès. Les arts y florissaient, l'abondance y régnait ; aussi le cheval n'y tarda-t-il pas à devenir un précieux objet d'estime et à mériter une renommée qu'il a conservée pendant des siècles. Selon Strabon, les chevaux des Celtibères égalaient en vitesse ceux des Parthes. Ils étaient généralement, dit-il, d'un poil gris ou tigré. Les historiens et les poètes s'accordent à vanter les qualités de ces fameux coursiers, dont il se faisait alors un grand commerce par le monde. On recherchait surtout leur souplesse, la légèreté de leurs mouvemens et la cadence de leurs allures. Leur vitesse était également célèbre, comme nous l'avons vu, et c'était principalement parmi eux que Rome choisissait les chevaux destinés aux jeux du cirque.

Les plus renommés étaient ceux de *Calpe*, près la rive africaine et vis-à-vis d'Abyla. Rapides, énergiques, majestueux, ils rappelaient ces célèbres coursiers Numides, leurs pères, dont un bras de mer seulement les séparait.

Cette espèce précieuse se retrouvait dans toute la Bétique, qui comprenait l'Asturie, la Gallicie et l'Andalousie. C'est d'elle que descend la race des genêts, si fameuse dans le moyen-âge, et dont nous parlerons en son lieu.

L'Espagne était représentée sur les médailles par un cheval bondissant.

L'Afrique des anciens comprenait, outre l'Egypte, dont nous avons parlé, l'Ethiopie, la Lybie, la Numidie et la Mauritanie. L'Ethiopie s'étendait au-dessus de la Haute-Egypte, sur les bords de la mer Rouge ; les autres contrées bordaient la mer Méditerranée.

L'Ethiopie, appelée aussi Abyssinie ou Nubie, touchant à l'Arabie et à l'Egypte, et peuplée sans doute primitivement par les colonies sorties de l'Arabie et de l'Egypte, vit tout d'abord arriver vers elle l'homme et le cheval, docile esclave de l'homme. L'histoire cite de grands conquérans parmi les rois d'Ethiopie, principalement le Cearçon de Strabon. La cavalerie des armées de ces rois se distingua, dès l'origine, par cette admirable habileté qui caractérisa de tout temps le cavalier africain. Lors de l'expédition de Xerxès en Grèce, l'Ethiopie fournit à la gigantesque armée de ce prince un contingent considérable de chevaux et de cavaliers. Les guerriers abyssiniens avaient alors depuis longtemps acquis toute la renommée que leur ont valu leurs coursiers rapides et leurs flèches aiguës.

La Lybie est bornée, d'après les géographes, par cette partie de l'Afrique que les anciens divisaient en intérieure et en extérieure ; mais les Grecs et plusieurs historiens ont compris sous ce nom tout le littoral de la Méditerranée, depuis l'Egypte jusqu'aux colonnes d'Hercule : c'est dans le sens de cette remarque que l'antiquité

rendit hommage au cheval africain en employant pro-
verbialement cette comparaison citée par Plutarque :

Juxtà Lybium currum currere : courir contre un char
de Lybie.

De tous les peuples d'Afrique, ce sont les Numides et
les Maures qui se sont fait la plus haute réputation par
leurs habitudes équestres. Leurs chevaux, dont ils avaient
soigné l'espèce avec un amour et une intelligence infinis,
ont passé pendant de longs siècles pour les meilleurs du
monde, après ceux de la famille arabe. Ce sont les Numides et les Maures qui ont eu la gloire de former d'abord
la race espagnole et plus tard la race anglaise, qui ont,
l'une après l'autre, chacune dans leur genre, éclipsé tous
les chevaux de l'Europe. Les Numides montaient leurs
coursiers sans selles ni brides ; ils les conduisaient avec le
seul son de la voix, et ne se servaient pour les maintenir
dans le respect que de la baguette ou houssine, dont se
contentaient la plupart des peuples antiques et dont se
contentent encore aujourd'hui quelques peuplades à
demi-sauvage répandues vers les confins de la Barbarie
et de l'Arabie. Sur ce point, la Numidie conserva ses
vieilles habitudes longtemps encore après la dernière
guerre punique. Elle eut même en cela la gloire d'être
imitée par les Romains, et l'empereur Gratien fut renommé par l'adresse avec laquelle il conduisait un cheval *à la mode des Numides* (*Numidi infreni*, comme les
appelle Virgile).

Du reste, la réputation hippique de ces peuples était
si bien établie, que leur numismatique l'avait consacrée.
La Mauritanie était représentée par un cheval sans frein,

ou par une houssine, symbole du mode national d'équitation. Dans les médailles puniques, le cheval est encore
le symbole de Carthage, bâtie dans le lieu où l'on avait
trouvé une tête de cheval, selon la parole des oracles.

> Là, la bêche en fouillant découvrit à leurs yeux
> La tête d'un coursier, symbole belliqueux.
> Ce signe fut pour eux le signe de la gloire,
> Et Junon à ce gage attacha la victoire.

Enfin, toute la côte africaine, voisine de Carthage, était
symbolisée dans le cheval et le palmier.

Parmi les nations chez lesquelles, à l'aide d'une théo-
cratie puissante, se développa très anciennement une
haute civilisation, on doit compter aussi l'Inde, reculée,
dans l'ancien monde, entre les déserts de la Bactriane, le
golfe Gangétique et la mer Erythrée. Nous verrons par la
suite que les chevaux indiens, comme les chevaux chi-
nois de notre époque, ont fort peu de mérite, sous quelque rapport qu'on les envisage ; mais, soit qu'il en fût
autrement dans les temps anciens, soit, ce qui est plus
probable, que les Indiens eussent apporté des bords de
l'Euphrate sur les rives du Gange le souvenir du poétique et merveilleux animal, il est certain que l'ancienne
mythologie de l'Inde consacra dans ses rites religieux le
symbole équestre, comme l'eût pu faire la nation la plus
cavalière. C'est d'abord le premier homme-dieu qui appa-
raît sous la forme d'un taureau, d'une vache ou d'un cheval. Avec le taureau-cheval d'Herma, commence une ère
nouvelle; sa vie se poursuit jusque dans les quatre âges du
monde, et à la fin de chacun il perd un de ses membres.

Wishnou, lors de sa dixième incarnation, prend la forme du cheval blanc, *Kallenkui*. Ce cheval habite les cieux ; il a des ailes et ne se tient que sur trois pieds : le quatrième est toujours en l'air ; lorsqu'il le posera sur la terre, il la fera disparaître dans l'abime ; c'est ainsi que le monde sera détruit. Les Indiens adorent *Ariaroupoutren*, fils de Wishnou. Ses temples solitaires sont construits au fond des bois ; on lui voue des chevaux de terre cuite, que l'on place en dehors de ces temples, mais sous l'abri d'une toiture.

Dans le Ségal, le char du soleil est appuyé sur le mont Méra, et n'est d'ailleurs soutenu que par l'air. A ce char il n'y a qu'une roue. Il est attelé de sept chevaux verts, qui représentent les sept jours de la semaine.

Rhuvani a pour monture le cheval infernal *Pispasha*. Le sacrifice par excellence est l'aswahamedha ou sacrifice du cheval. C'était probablement dans l'origine l'immolation d'un cheval. Maintenant, pour les Védentins, l'aswahamedha réunit six cent neuf animaux, choisis parmi ceux qui volent, parmi ceux qui nagent et parmi ceux qui rampent.

Les Indiens fournirent à l'expédition de Xerxès des chars et des cavaliers.

CHAPITRE VII

Les peuples du Latium, avant la fondation de Rome,
étaient un mélange de Celtes et de Pélasges. C'étaient
en général des nations peu belliqueuses, qui se contentaient de la vie douce et facile à laquelle invite leur beau
ciel. Peuples pasteurs et agricoles, ils gardaient noncha-
lemment leurs troupeaux, assis au pied d'un hêtre, *sub
tegmine fagi*, comme nous les représentent les dessins
des anciens vases d'Etrurie.

Malheureusement, il nous est parvenu si peu de traditions sur leurs habitudes et leurs mœurs, qu'il est difficile de savoir jusqu'à quel point ils portèrent le goût du
cheval. Cependant une remarque curieuse à faire, c'est
que le mot *marc'h*, nom celtique du cheval, se retrouve

dans les noms de lieux et d'hommes de l'époque pélasgique, circonstance que nous avons déjà notée en étudiant les origines grecques. Ce mot est, en effet, entre autres, dans celui des Marses, peuples de l'Italie, près du lac Fusin, qui élevaient un grand nombre de chevaux ; dans ceux de Marcus, nom d'homme : Marsus, fils de Circé, roi des Toscans, etc., etc.

Virgile nous représente la jeunesse du Latium livrée aux occupations équestres, à l'arrivée d'Enée :

> ..... Là de jeunes guerriers
> Guident des chars poudreux, domptent de fiers coursiers.

Picus, aïeul des Latins, était un célèbre écuyer : *Picus equum domitor*. Le poëte appelle aussi Lausus, fils de Mézence : *Lausus equum domitor* ; c'était, nous l'avons déjà dit, la plus belle épithète qui pût s'ajouter au nom d'un héros.

Latinus renvoie les ambassadeurs d'Enée chargés de présens :

> Il dit et fait choisir ses coursiers les plus beaux :
> L'orgueil de ses haras, trois cents jeunes chevaux
> Ornaient d'un double rang leur superbe demeure.
> A chacun des Troyens on amène sur l'heure
> Un coursier dont les vents n'égalaient pas l'essor :
> Sur leur large poitrail descend un collier d'or ;
> L'or couvre leurs harnais, et leur fierté farouche
> Obéit au frein d'or qui gourmande leur bouche.
> Pour le monarque absent part un couple pareil
> De coursiers, nobles fils des coursiers du soleil.
> Ils traîneront son char dans les champs de la guerre ;
> La fille du Soleil les créa pour la terre ;
> Elle-même soumit, par un heureux larcin,
> Une mère mortelle à l'étalon divin.

> Et les fougueux enfans de ce noble adultère
> Soufflent encor le feu des chevaux de leur père,
> Sur leurs fiers palefrois les Troyens satisfaits,
> Partent, et vont porter des paroles de paix.

Mézence, près d'aller au combat, où il doit trouver la mort, fait venir son fidèle Rhœbus, ce cheval qui faisait tout son bonheur et toute sa gloire, et qui semblait partager la douleur de son maître.

Enfin, à la fête funèbre de Pallas, paraît son cheval de bataille :

> Après lui s'avançait, dans la pompe guerrière,
> Du malheureux Pallas le char ensanglanté ;
> Puis le fidèle OEthon, son coursier indompté,
> Oubliant son orgueil, sa parure et ses armes,
> Marchait les crins pendans et l'œil gonflé de larmes.

Cependant, au sein de cette riante Italie, s'élevaient sur les bords du Tibre quelques collines âpres et arides. Là, des exilés, aux prises avec une nature avare, grandirent par le cœur et l'esprit, au milieu des nations indolentes qui les entouraient. Ils manquaient de tout ; mais, assis fièrement sur leur rocher, ces aventuriers du mont Aventin purent bientôt dire : Nous commandons à ceux qui ont de l'or. De même, quoique la nation romaine ne puisse compter parmi les nations essentiellement cavalières, il vint un jour où elle put dire : Je commande à tous les cavaliers du monde.

L'infanterie a fait de tout temps la force des armées romaines ; néanmoins sous Romulus, on comptait à Rome mille cavaliers, outre les *célères*, au nombre de trois cents, qui formaient la garde particulière du prince. Les célères étaient choisis au scrutin dans les premières fa-

milles de Rome. Leurs chefs ou tribuns avaient la première dignité de l'Etat après le roi. Brutus était tribun
des célères quand les Tarquins furent chassés. Les chevaliers succédèrent aux célères ; ils avaient un cheval entretenu aux frais de la république ; ils portaient l'anneau
d'or et la robe de pourpre ; des places particulières leur
étaient réservées dans les spectacles et les jeux publics.
Chaque année, au 15 juillet, les chevaliers se rendaient
à cheval du temple de Mars au Capitole, couronnés d'o-
livier, vêtus de pourpre et portant les ornemens guerriers, trophées de leur valeur. Tous les cinq ans après
cette solennité, ils étaient passés en revue par le censeur,
devant lequel ils paraissaient conduisant leurs chevaux
par la bride. Alors, si quelque chevalier avait forfait à
l'honneur, s'il avait dissipé sa fortune, s'il n'avait pas
soin de son coursier, ou s'il était devenu *trop gras*, il
était dégradé de l'ordre équestre ; il perdait son cheval,
ignominie semblable à la dégradation des chevaliers du
moyen âge.

Les chevaliers romains étaient le second ordre de la
république. Ils donnèrent en général l'exemple des vertus guerrières et des vertus civiques. Un gouffre s'était
ouvert au milieu de la ville ; il ne devait se refermer que
quand Rome y aurait jeté ce qu'elle avait de plus précieux :
Curtius se précipite avec son cheval dans l'abîme, pen-
sant que la valeur, dont le cheval est l'emblème, était le
vrai trésor du peuple romain.

Le soin que les chevaliers avaient de leurs chevaux
développait chez ces généreux animaux un sentiment ex-
traordinaire d'attachement. Clœtius, percé de coups à la
bataille de Cannes, est laissé parmi les morts. Le lende-

main, comme Annibal visitait le champ de bataille. Clætius, qui vivait encore, entend du bruit, fait un effort
pour se lever et parler ; mais sa voix expire sur ses lèvres, il meurt en poussant un profond gémissement. Son
cheval, qui avait été pris la veille et que montait un Numide de la suite d'Annibal, reconnaît la voix de son maître, dresse les oreilles, hennit de toutes ses forces, jette
à terre son cavalier, s'élance à travers les mourans et les
morts, arrive auprès de Clætius : ne le voyant pas re-
muer, plein d'inquiétude et de tristesse, il se courbe,
comme à l'ordinaire, sur les genoux et semble l'inviter à
monter. Annibal donna une larme aux deux amis.

Septime-Sévère chassa les prétoriens qui avaient mas-
sacré Pertinax. Le cheval de l'un d'eux, voyant son maître l'abandonner, le suivit en hennissant. Le prétorien ne
put l'obliger à le quitter ; ce que voyant, il le perça de
son épée et se tua ensuite sur son corps.

Les courses de chevaux à Rome remontent au berceau
de la ville éternelle. Romulus institua des jeux en l'honneur de Consus, dieu des *conseils.* On appela ces jeux
Consualia. Ils furent nommés par la suite Jeux du Cirque, à cause de la forme de l'hippodrome, que Tarquin
l'ancien fit construire. Il paraît que, dans l'origine, ces
jeux se bornaient à des courses de chars et de chevaux
montés.

Le Cirque était destiné aux courses de chevaux, aux
courses de chars et à différens exercices gymnastiques.
Ce fut une imitation de l'hippodrome grec, imitation
dont les Romains développèrent dans la suite largement
l'idée. Toutefois, les courses de Rome ne furent jamais
qu'un reflet de celles d'Olympie. Néanmoins, si nous

avons trouvé Homère à Olympie ; à Rome, nous rencontrons Virgile :

> Le signal est donné : déjà de la barrière
> Cent chars précipités fondent dans la carrière ;
> Tout s'éloigne, tout fuit : les jeunes combattans,
> Tressaillant d'espérance et d'effroi palpitans,
> A leurs bouillans transports abandonnent leur âme.
> Ils pressent leurs coursiers ; l'essieu crie et s'enflamme ;
> On les voit se baisser, se dresser tour à tour ;
> Des tourbillons de sable ont obscurci le jour ;
> On se quitte, on s'atteint, on s'approche, on s'évite ;
> Des chevaux haletans le crin poudreux s'agite,
> Et blanchissant d'écume et baigné de sueur,
> Le vaincu de son souffle humecte le vainqueur.

Le goût des spectacles équestres était si prononcé chez la jeunesse romaine, vers les derniers siècles de l'empire, qu'on n'a jamais vu rien de comparable chez les peuples modernes, si ce n'est la passion des Anglais pour les courses de chevaux. « Voyez-les, dit saint Jean- » Chrysostôme, se précipiter au spectacle de la course » des chevaux, détailler avec la dernière exactitude leurs » noms, leur naissance, leur patrie, le haras d'où ils » sortent, la manière dont ils ont été dressés, leur âge, » le temps depuis lequel ils courent. » Lucien présente le même tableau dans son *Nigrinus :* « Du théâtre, dit- » il, passant à l'hippodrome, il voit les statues des co- » chers, il entend prononcer les noms des chevaux ; dans » les passages, des groupes s'en entretiennent ; car, en » vérité, l'hippomanie est bien répandue ; elle s'empare » même de maint grave personnage. » Saint Augustin, au livre des Confessions, avoue qu'il était passionné dans sa jeunesse pour les jeux du Cirque et de l'hippodrome.

Le talent des cochers du Cirque était apprécié, à Rome, à l'égal de celui des plus grands hommes : on élevait des statues à ces cochers, et une foule d'inscriptions célébraient leurs victoires ainsi que celles de leurs chevaux. L'histoire et les monumens nous ont, entr'autres, laissé le nom du cocher *Scorpus*. Un bas-relief le représente sur son char attelé de quatre chevaux, dont il consacre le souvenir en ces termes :

« SCORPUS. INGENUO. ADMETO. PASSERINO. ATMETO. »

Les inscriptions nous ont conservé la mémoire d'un autre monument consacré par Scorpus à un autre de ses attelages, formé des chevaux Pégases, Elatès, Andragenus et Cotynus.

La renommée de cet automédon était telle, que Martial le cite en divers endroits de ses épigrammes : « Ne » payez-vous un cheval si cher, dit-il, que pour faire » briller partout en bronze le nez du cocher Scorpus? »

Les jeux équestres s'appelaient, chez les Romains, *certamina equestraria*. Les courses de chars n'étaient qu'une représentation et un spectacle; car les Romains ne faisaient point usage de chariots dans leurs guerres. Quant aux courses de chevaux montés, c'étaient plutôt des exercices gymnastiques et militaires que de véritables courses, dans le sens actuel du mot. Les Romains avaient emprunté aux barbares l'usage des diverses évolutions des désulteurs. Les désulteurs étaient des cavaliers qui, chez les Scytes, les Indiens et les Numides, allaient au combat avec deux chevaux et sautaient tour à tour de l'un sur l'autre avec une grande agilité. Il n'y avait point de désulteurs dans les armées romaines; mais

on en voyait dans les pompes funèbres et les jeux équestres de Rome. Quelquefois ces désulteurs conduisaient
non pas deux, mais quatre, six, douze et jusqu'à vingt
chevaux. Ils les lançaient à toute bride et s'élançaient de
l'un sur l'autre. Leur adresse à cet exercice était si prodigieuse, qu'ils sautaient du premier sur le quatrième
cheval et même sur le sixième. Cela peut nous donner
une idée de ce qu'était alors l'équitation : nous pensons
qu'on n'a jamais rien fait de plus fort dans les temps
modernes.

Les principaux exercices militaires des Romains étaient
le *palus* ou *pilier*, la *quintena*, ainsi appelée de Quintus,
son inventeur; le *ludus trojanus*, ou jeu troyen, qui donna naissance aux joûtes, aux carrousels, aux jeux à la
barrière, et aux tournois du moyen âge. Le *palus* était
un pilier planté en terre, que les jeunes cavaliers atta-
quaient d'après les méthodes et attitudes prescrites par
les usages militaires, en évitant avec tant de soin de se
mettre hors de garde, que, tandis qu'ils frappaient leurs
coups, aucune partie de leur corps ne pouvait rester à
découvert. Ils couraient aussi sur le pilier avec des lances
et lui jetaient des javelots et des dards de divers côtés,
afin d'acquérir un coup d'œil facile et sûr.

La *quintena* était aussi un tronc d'arbre ou un poteau,
contre lequel les jeunes soldats poussaient leurs lances.
Ce jeu subsista encore dans nos temps modernes, jusqu'à ce que l'usage des armes à feu vint le faire oublier.
On l'appelait, dans les académies françaises, *quintaine*.

Le *ludus trojanus*, ou jeu troyen, paraît avoir été
l'image d'un combat. Virgile en reporte l'origine à
Énée :

Cependant au Troyen de qui l'expérience
Soigne le tendre Ascagne et conduit son enfance,
Énée, en se baissant, donne un ordre secret :
« Va, des jeunes Troyens si l'escadron est prêt,
« Lui dit-il, qu'au tombeau de son aïeul Anchise,
« Dans leur pompe guerrière Ascagne les conduise. »
Il dit, et, faisant place à ces aimables jeux,
Il écarte les flots de ce peuple nombreux.
Sur des coursiers vêtus avec magnificence
Dans un ordre pompeux la jeunesse s'avance :
Des regards de la foule avidement suivis,
Ils défilent aux yeux de leurs parens ravis.
Des festons d'olivier pressent leur chevelure ;
Deux traits d'un fer poli composent leur armure ;
Plusieurs ont un carquois, et sur chaque guerrier
L'or flexible se joue en mobile collier.
Trois escadrons divers couvrent la même plaine ;
Chaque corps séparé suit le chef qui le mène :
Douze jeunes Troyens composent chacun d'eux.
Le premier de ces chefs est l'enfant généreux
De Polyte, un des fils du vieux roi de Pergame ,
C'est le jeune Priam : son beau nom, sa grande âme
Un jour doit aux Latins rappeler à la fois
Et le plus malheureux et le plus grand des rois.
Un poil taché de blanc peint son coursier de Thrace,
Dont le pied blanchissant marque à peine sa trace ;
Un blanc pur de son front relève la beauté,
Et la vigueur en lui s'unit à sa fierté.
Le second est Atys, qui d'une colonie
Fier encor de son nom enrichit l'Ausonie ;
Le bel Atys, qu'Iule admet à tous ses jeux :
Même âge, mêmes goûts les unissent tous deux.
Iule enfin, l'espoir et l'honneur de sa race,
S'avance, et devant lui tout autre éclat s'efface :
Son beau coursier, nourri dans les prés de Sidon,
Lui fut donné des mains de la tendre Didon.
Sur des chevaux d'Aceste, enfans de la Sicile,
Les escadrons divers suivent d'un pas docile :
Ils avancent : le cirque à leur marche applaudit.
Leur timide pudeur par degrés s'enhardit ;

Et des héros troyens, sur leurs jeunes visages,
Les yeux avec transport retrouvent les images.
    Le cirque est traversé : des spectateurs joyeux
Longtemps leurs traits chéris ont enivré les yeux.
Tout à coup un cri part, un fouet bruyant résonne :
Les guerriers, attentifs au signal qu'on leur donne,
Partent en nombre égal et se rangent par trois ;
Rappelés par leur chef, reviennent à sa voix,
Réunissent encore leurs bandes divisées,
Et, baissant en avant leurs lances opposées,
D'un escadron serré présentent le rempart :
Tour à tour on s'éloigne, on revient, on repart,
On s'aligne, on se mêle, on s'atteint, on s'évite ;
C'est tantôt un combat, et tantôt une fuite ;
Tantôt la paix suspend leur choc tumultueux.
Tel, dans ce labyrinthe oblique et tortueux,
Mille feintes erreurs, mille fausses issues,
En un piége invisible adroitement tissues,
De sentier en sentier, de détour en détour,
Embarrassaient les pas égarés sans retour ;
Tel on voit des dauphins les troupes vagabondes
Se chercher, s'éviter, se jouer sur les ondes :
Tels jouaient ces guerriers ; ainsi dans ces combats,
Ils enlaçaient leur course, et confondaient leurs pas.
Ces courses, ces tournois, et ces feintes batailles,
Ascagne, lorsque d'Albe il fonda les murailles,
Les transmit à son peuple ; et des premiers Albains
Leur pompe héréditaire est passée aux Romains.
A ce dépôt sacré, Rome est encor fidèle ;
Rome, renouvelant leur pompe solennelle,
Rassemble pour les jeux ses jeunes citoyens :
Ce sont les fils de Troye et les combats troyens :
Leurs usages, leurs lois, leurs noms vivent encore.

Virgile a peint, dit-on, dans l'apothéose d'Anchise,
celle de César, qui prétendait remonter au héros troyen.
Quoi qu'il en soit, Auguste aimait avec passion les spectacles équestres. Après la bataille d'Actium, il célébra la

dédicace du temple de César et fit exécuter un jeu troyen semblable à celui qui est décrit dans les vers qui précèdent. Les enfans de la haute noblesse de Rome figurèrent dans ces jeux : le jeune Tibère y guidait le premier escadron.

L'art de l'équitation était porté à Rome à un haut degré ; Plutarque dit expressément « qu'il serait aussi » absurde de monter à cheval sans connaître l'équita- » tion, que de vouloir jouer de la flûte sans savoir la mu- » sique. » Au temps de César, qui lui-même était très habile cavalier, il était si honteux d'ignorer l'équitation, que cela avait donné naissance au proverbe : *neque equitare, nec litteras scire*, ne savoir ni monter à cheval ni lire ; nous disons maintenant « ne savoir ni lire ni écrire. » L'art de l'équitation était professé à Rome par les *equisones*, qui se chargeaient tout à la fois du dressage des chevaux et d'apprendre à la jeunesse de Rome l'art de monter à cheval.

Si toutes les allures de haute école n'étaient pas connues des écuyers romains, il y en avait cependant un grand nombre de pratiquées dans les manéges. Les Romains donnaient le nom de *tripudium* à cette allure brillante et prétentieuse que nous désignons par le mot *piaffer*. Le mot français trépigner vient, sans doute, du mot latin *tripudium* ; mais il est alors détourné de sa signification, puisqu'il exprime un mouvement confus et incorrect des jambes du cheval et non l'allure mesurée et gracieuse exprimée par le mot *piaffer*.

Les allures les plus habituelles pour le service étaient :

L'AMBLE, *ambulatoria*, allure la plus commune aux voyageurs romains, comme à tous les peuples de l'antiquité et du moyen âge, et à laquelle ils dressaient leurs chevaux avec un soin tout particulier.

Le PETIT GALOP, *cantherius*, d'où vient le *canter* des Anglais.

Enfin le GRAND GALOP OU GALOP DE COURSE.

Quant à l'allure du TROT, elle était fort peu dans les habitudes des anciens Romains : ils l'avaient généralement en aversion et désignaient un cheval de trot par les termes de *succussator, cruciator, tormentor*. On conçoit, en effet, qu'avant l'invention des étriers, cette allure devait être fort désagréable pour le cavalier. Chez aucun des peuples anciens, d'ailleurs, elle n'était plus en usage qu'à Rome, ainsi qu'on peut s'en convaincre par l'immense quantité de statues, de bas-reliefs et de médailles qui sont parvenus jusqu'à nous. Cela tient d'abord, comme nous l'avons dit, à l'absence des étriers, qui laissait sans support les jambes du cavalier, et ensuite à ce que le trot n'est pas l'allure naturelle du cheval méridional ; sa conformation se prête bien mieux aux allures vives et légères. Ce ne fut donc que chez les peuples occidentaux que le trot fut usité, et encore l'usage n'en fut généralement établi chez ces peuples que très tard et presque de nos jours. Nous avons fait la même remarque en parlant du cheval grec.

Le cavalier romain qui avait à faire à quelqu'un un salut de politesse ou de déférence, s'en acquittait en suivant les règles qui s'observent encore aujourd'hui chez les nations civilisées. L'usage voulait qu'en abordant les personnages auxquels il devait considération, il mît pied à terre, s'arrêtât en tenant son cheval de la main gauche et se découvrît de la droite. Lorsqu'on marchait vite, on

devait modérer la course de son cheval et même s'arrêter, passer la houssine ou le fouet dans la main gauche
et saluer de la droite.

Les chevaux étaient classés à Rome d'après leur destination, leur allure et leur genre de service. On appelait
equus avertarius, le cheval de route; *equus publicus*,
le cheval entretenu aux dépens du trésor public, que les
censeurs donnaient aux chevaliers; *equi agmimales*, les
chevaux de renvoi que l'on fournissait aux officiers des
empereurs, pour voyager dans les routes où les postes
n'étaient pas établis; *equi solutarii* et *gradarii*, les chevaux de manége et de bataille; *equi celeres*, les chevaux
de course; *equi vencoli*, les chevaux de chasse; *equi
canterii*, les chevaux de promenade, les chevaux de
petit galop; *equi itinerarii*, les chevaux de voyage; *equi
sarcinarii*, les chevaux de somme; *equi massi*, les bidets
avec des crinières droites; *ambulaturarii*, les chevaux
d'amble; *equi cursuales*, les chevaux de poste; *equi li-
gnei*, les chevaux de bois du champ de Mars, sur lesquels la jeunesse romaine s'habituait chaque jour aux
exercices de voltige; *equi pares*, les deux chevaux des
désulteurs; *equi triomphales*, les chevaux qui traînaient
les chars des triomphateurs. On appelait *singularis equus*
le cheval sur lequel était un cavalier qui accompagnait
chaque char, encourageait les chevaux et le cocher du
geste et de la voix, veillait à ce que les conditions de la
course fussent rigoureusement observées.

Enfin les chevaux portaient différens noms, suivant la
position qu'ils occupaient dans les quadriges: on appelait *equi funales* les chevaux premiers et quatrièmes ou
extérieurs, et *equi jugales*, les chevaux seconds et troi-

sièmes, à cause du joug auquel ils étaient attelés. On distinguait encore les *funales* en *funalis dexter* et *funalis sinister*, cheval de droite et cheval de gauche. Il paraît que c'était à celui-ci que les coureurs attachaient le plus de prix et qu'ils accordaient tout l'honneur de la victoire. On lit même à ce sujet, dans les remarques de Saumaise, une curieuse observation : c'est que, dans les inscriptions latines où un cheval est nommé seul comme ayant remporté un grand nombre de prix, il ne s'agit pas d'un cheval monté, mais bien du *funalis sinister*, qui seul illustrait tout l'attelage. Ainsi, *Passerinus* et *Tigris*, les deux plus célèbres chevaux de Rome au temps de Martial, étaient chacun le cheval de gauche d'un quadrige. On conçoit, en effet, que ce cheval, qui devait raser la borne avec tant d'adresse et de précision, dût être tout à la fois doué de moyens naturels très puissans et dressé avec la plus grande habileté. Aussi ces sortes de chevaux étaient-ils payés de grands prix : dans une inscription, un cocher s'applaudit d'avoir dressé des chevaux dont plusieurs furent ensuite payés 100,000 sesterces, environ 20,000 francs de notre monnaie, et dont un fut vendu jusqu'à 200,000 sesterces. Martial parle, dans une épigramme, d'un cheval qui coûta le double de ce dernier prix, environ 80,000 francs. Voici deux inscriptions qui célèbrent la mémoire de deux de ces fameux coursiers.

A AQUILON, LE NOIR MAL TEINT,
FILS D'AQUILON.
IL A VAINCU CENT TRENTE FOIS,
A REMPORTÉ LE SECOND PRIX QUATRE-VINGT-HUIT FOIS,
ET LE TROISIÈME, TRENTE-SEPT FOIS.

A HIRPIN, LE NOIR, PETIT-FILS D'AQUILON.
IL A VAINCU CENT QUARANTE FOIS,
A REMPORTÉ LE SECOND PRIX CINQUANTE-SIX FOIS,
ET LE TROISIÈME, TRENTE-SIX FOIS.

Quelquefois les épitaphes contenaient la généalogie du coursier ; en voici un exemple :

AUX DIEUX MANES !
FILLE DE LA GÉTULE HARÉNA,
FILLE DU GÉTULE EQUINUS ;
RAPIDE A LA COURSE COMME LES VENTS,
AYANT TOUJOURS VÉCU VIERGE,
SPENDURA, TU HABITES LES RIVES DU LÉTHÉ.

Les chevaux des Romains, comme ceux des autres peuples anciens ou modernes, avaient des noms tirés généralement de leur couleur, de leurs qualités, de leur pays natal. On les appelait Victor, Corvus, Egyptus, Volucer, Niger, Superbus, Candidus, Advola, Rapax, Aquila, Sagitta, Romulus, Ajax, Melissa, Gœtulus, Paratus, Hilarus, Memnon, Balista, OEther, Pégasus, Elatès, Androgenus, Cotynus, Passerinus, Tigris, etc.

Les Sibarites avaient poussé fort loin la science de l'équitation. C'est ce peuple, si connu par ses habitudes voluptueuses, qui inventa le premier l'art de faire danser les chevaux au son de la musique. Les Italiens ont encore des livres de musique destinés à la danse des chevaux, et l'école de Franconni a ressuscité, chez nous, ce gracieux spectacle.

Le harnachement des chevaux n'a guère varié dans les temps anciens. Jusqu'à l'époque du moyen âge, c'était toujours ce petit siège posé sur une couverture de laine ou une peau d'animal, retenu sur le dos du cheval par une croupière et un poitrail. Ce petit siége était appelé *ephippium* chez les Romains. Il était souvent d'une richesse extrême, garni d'or et d'argent, de perles et de joyaux. Ainsi que nous l'avons vu, il y manquait les étriers, cet utile complément de la selle moderne, inconnu à toute l'antiquité. On les suppléait de différentes façons. D'abord, pour monter à cheval, on employait la manière la plus simple, la plus naturelle, qui consiste à sauter sur son coursier en s'élevant sur les poignets ; les soldats s'aidaient généralement du bois de leur lance, ainsi qu'on le voit dans certains bas-reliefs ; quelquefois on faisait agenouiller les chevaux pour les enfourcher. Les personnages riches, soit pour monter à cheval, soit pour en descendre, se faisaient aider par leurs esclaves ou leurs domestiques. On se servait aussi de billots, de marche-pieds et d'échelles. Enfin des bornes étaient placées de distance en distance, sur la voie publique, pour la commodité des voyageurs. La confection de ces bornes et le soin qu'il en fallait prendre, formaient une des attributions des fonctionnaires chargés de la grande voirie. Elles étaient soit en bois, soit en pierre, et très rapprochées les unes des autres.

On cite une inscription burlesque trouvée sur l'un de ces montoirs, consacré à la mémoire d'une mule :

DIS PEDIB. SAXUM
CINCLÆ DORSIFERÆ ET CLUNIFERÆ,
UT INSULTARE AC DESULTARE COMMODETUR,
PUB. CRASSUS MULÆ SUÆ CRASSÆ BENE FERENTI,
SUPPEDANEUM HOC CUM RISU POS.
VIXIT ANNOS XI.

Le mérite de cette épitaphe, qui consiste dans des jeux de mots, serait assez difficile à faire sentir en français. On y trouve la formule usitée *dis manibus*, aux dieux mânes, changée en *dis pedibus*, dieux des pieds. *Saxum* y remplace *sacrum*, et *bene ferenti*, *bene merenti*. Mais, dit très judicieusement John Lawrence, en substituant ouvertement *cum risu* à *res ludicra*, dont le sens est plus caché, l'auteur va trop loin; il diminue l'effet qu'il veut produire et fait mal augurer de son goût.

L'usage des étriers remonte au temps de saint Jérôme, à l'an 420 environ. Cet auteur les nomme *stupia*, *bistupia*, *strepa*. Avec les étriers, les arçons furent ajoutés à l'*ephippia*, et la selle, depuis cette époque, subit toutes les modifications qui l'ont rendue telle que nous la voyons aujourd'hui.

La bride avait le mors brisé. Les ornemens qu'on y ajouta varièrent à l'infini : quelquefois c'étaient de riches colliers garnis de clochettes, dont l'Europe moderne a longtemps conservé le souvenir. Naguères encore, en Angleterre, une clochette était le prix de certaines courses que l'on appelait *race fore the bels*. Maintenant encore, en France, en Bretagne surtout, les habitans des campagnes ne croiraient pas pouvoir présenter leurs chevaux dans les occasions solennelles, telles que les assemblées de village, les distributions de primes ou même les foires, si ces chevaux n'étaient ornés de clochettes pendues à leurs brides, nouées dans leur crinière ou suspendues au sommet de la tête.

Les Romains, comme les Grecs, avaient plusieurs manières d'arranger la crinière de leurs chevaux. Souvent elle était taillée en brosse ; souvent on la laissait flotter naturellement ; quelquefois on la coupait très court du côté gauche, pour la laisser tomber à droite, bien peignée et lissée. On laissait à la queue toute sa longueur et on la peignait avec soin.

Les Romains surveillaient avec le plus grand soin l'entretien de l'ordre et de la propreté dans les écuries, la qualité de la nourriture, et tous les détails de l'hygiène des chevaux, principalement de ceux qu'ils destinaient aux courses. Ils employaient, dans le pansement, un gant fait de la rude écorce du palmier. Ils avaient aussi l'habitude de se servir de couteaux de chaleur, pour enlever la sueur.

On donnait, d'ailleurs, toujours une attention particulière au toupet, à la crinière et à la queue, qu'on lavait et nettoyait très fréquemment, qu'on huilait, que l'on parfumait pour en rendre les crins doux et luisans.

Après le travail, les chevaux étaient lavés à grande eau. On prenait les soins les plus particuliers de leurs jambes et de leurs pieds, et, en général, la toilette du cheval était regardée comme chose si importante, que cet axiome était proverbial à l'époque de Columelle, à savoir : Qu'il était plus avantageux aux chevaux d'être pansés avec soin, que d'être amplement nourris. Nos modernes hippiatres n'ont pas un moment hésité à le reconnaître.

Varon et Virgile donnent à leur type équestre des yeux vifs et brillans, des naseaux ouverts et larges, des oreilles plantées l'une près de l'autre, une crinière longue et ondoyante, une poitrine large et profonde, des épaules plates et renversées en arrière, un corps arrondi, court et pas trop gros ; des paturons courts et forts, une queue longue et touffue, des *cuisses* fortes, des *jambes* nettes, des genoux plats, des sabots durs et non cassans, des veines grosses et saillantes. En outre, les anciens jugeaient qu'il était d'un heureux augure pour les jeunes poulains, courant dans les pâturages, de montrer de l'ardeur à dépasser leurs compagnons, à franchir les premiers un ruisseau ou une rivière ; de plonger, en buvant, leurs naseaux très avant dans l'eau. Ces idées ont conservé du crédit jusqu'à nos jours ; la dernière surtout paraît très rationnelle : la faculté de retenir son haleine, faculté qui s'exerce nécessairement quand les narines sont plongées dans l'eau, est, en effet, une preuve de la force et de la santé des poumons.

Nous avons déjà pu remarquer que le goût du cheval s'alliait merveilleusement avec la poésie. Il est peu de poètes qui n'aient le sentiment du cheval, et peu d'hommes de cheval qui n'aient à un haut degré le sentiment de la poésie. Nous avons vu Job, un des premiers poètes connus, nous donner la plus belle description du cheval qui ait été faite ; Moïse, chanter le cheval et le cavalier ; Homère, consacrer ses chants aux héros et à leurs coursiers. Virgile aussi enfin est tout à la fois un des plus grands poètes et un des premiers hippologues du monde. Son magnifique poème de l'Énéide est rempli de peintures ayant le cheval pour objet et auxquelles on voit que se complaisait le poète. Quand il parle du cheval, toutes les expressions dont il se sert sont d'une justesse et d'une vérité rigoureuses. Rien ne saurait être ajouté à sa pensée, rien n'en pourrait être retranché. Partout, dans chaque mot, on sent l'écuyer et l'hippologue. C'est dans le texte original de ses magnifiques poésies qu'il faut étudier et apprécier cette finesse d'observation, cette exactitude scientifique qu'il porte jusqu'au milieu des plus chaudes inspirations. Citons cependant ici ce nouveau passage des traductions de Delille :

> Tel un coursier captif, mais fougueux et sauvage,
> Las des molles langueurs d'un oisif esclavage,
> Tout à coup rompt la chaîne, et loin de la prison,
> Possesseur libre enfin de l'immense horizon,
> Tantôt fier, l'œil en feu, les narines fumantes,
> Demande aux vents les lieux où paissent ses amantes ;
> Tantôt par la chaleur et la soif enflammé,
> Court, bondit et se plonge au fleuve accoutumé ;
> Tantôt, le cou dressé, du pied frappant les ondes,
> Pour reprendre à son choix ses courses vagabondes,
> Part, et dans un vallon propice à ses ébats,
> Battant l'air de la tête et les champs de ses pas,
> Levant ses crins mouvans que le zéphyr déploie,
> Vole, frémit d'amour et d'orgueil et de joie.

Mais le plus bel ouvrage de Virgile, comme poète, comme penseur et comme savant praticien, c'est d'ailleurs le poème des Géorgiques. Il y fait preuve des connaissances hippiques les plus avancées, et jamais aucun auteur, ni dans les temps passés, ni dans les temps modernes, n'a surpassé les magnifiques préceptes qu'il y donne et qui n'ont jamais été assez étudiés. On a interrogé les naturalistes pour savoir où en était la science équestre dans les beaux jours de Rome ; c'était aux poètes qu'il fallait le demander.

Virgile nous enseigne le moyen d'avoir de bons chevaux. Il veut d'abord qu'on choisisse de bonnes mères... *corpora precipue matrum legat ;* c'est là le précepte éternel et le vrai secret de l'élève du cheval : sans un bon choix de poulinières, point d'amélioration, point de chevaux. En vain vous entasserez des volumes, en vain vous prodiguerez les trésors, en vain vous dépenserez sueurs et génie, sans bonnes mères, vous n'aurez jamais de bons chevaux... *corpora precipue matrum legat.* C'est pourtant ce qu'aucun peuple moderne ne sait assez et ce que nous, Français, nous ne savons pas du tout.

Le second précepte virgilien est le choix des étalons. C'est dès l'enfance qu'il faut soigner le père du troupeau; c'est parmi les plus agiles, les plus courageux qu'il faut le choisir. La question de conformation ne vient qu'après celle des qualités intrinsèques, quoique, sans doute, elle ne doive pas être négligée. Choisissez un cheval bon et beau; qu'il égale ceux de Castor, de Mars, d'Achille, et celui sous la forme duquel Saturne remplissait le mont Elis de ses hennissemens. Mais ce n'est pas tout d'avoir un bel et bon étalon, il faut savoir encore à quel exercice il a été formé : s'il a été dressé pour la course, le tirage des chars, ou l'art du manége; s'il sent le prix de la victoire olympique; car les qualités acquises se transmettent, comme les qualités natives. Il faut connaître le sang qui l'a fait naître; car, beauté, bonté sont inutiles, si le sang n'est pas là pour assurer à la descendance une durable perfection! *prolem que parentum!* Et il y a encore, après 2000 ans, des gens qui vous demandent ce que c'est que le sang! Mais lisez donc Virgile!

En outre, vous voulez élever des chevaux et vous ne commencez pas par choisir avec soin les localités qui leur sont propres; vous pensez que partout on peut faire naître un brillant et rapide coursier, que l'air, le sol, les

eaux, n'y sont pour rien; c'est que vous n'avez pas lu
Virgile !

   « Ne voit-on pas que le safran vient du Tmolus; que
» l'Inde nous envoye l'ivoire, et la molle Sabeïe, l'en-
» cens; que les Chalybes nous fournissent l'acier; le
» Pont, le musc odorant, et l'Epire, les chevaux couverts
» des palmes d'Elis. Depuis que Deucalion jeta sur la
» terre dépeuplée les pierres d'où naquirent les hommes,
» — dure espèce, — la nature attribua des propriétés
» diverses à chaque pays, et ses lois n'ont pas changé. »

   Si l'on savait lire Virgile, on ne dirait pas non plus que
la dégénération est un vain mot; on saurait qu'il faut
sans cesse renouveler tous les germes, tous les élémens
de reproduction, jusqu'aux graines elles-mêmes, non
seulement pour améliorer, mais encore pour ne pas reculer dans la voie du progrès.

> *Vidi lecta diu et multo spectata labore*
> *Degenerare tamen, 'ni vis humana quotannis*
> *Optima quæque manu legeret : sic omnia fatis*
> *In pejus ruere ac retro sublapsa referri.*

   « J'ai vu les espèces, objet d'un choix longtemps at-
tentif et de soins aussi efficaces que multipliés, finir encore par dégénérer, si, chaque année, la main de l'homme
ne revenait mettre en réserve les meilleures types. C'est
ainsi que la destinée de toute chose est d'aller de mal en
pire et de se laisser entraîner sur la pente du néant. »

   Le poète ajoute :

> *Non aliter quam qui adverso vix flumine lembum*
> *Remigiis subigit, si brachia forte remisit*
> *Atque illum in præceps prono rapit alveus amni.*

« C'est ainsi que celui qui rame dans sa frêle barque contre le courant, s'il laisse un instant retomber ses bras fatigués, est entraîné par la pente des eaux, et recule. »

La civilisation est toute entière dans cette simple et magnifique comparaison, et la science du cheval est toute entière dans dix vers de Virgile.

Le cheval fut en honneur sous la république romaine, comme le prouvent les documens que nous avons produits ; mais ce fut sous les empereurs qu'il acquit toute la considération dont il était digne, et préluda aux nobles destinées qui lui étaient réservées pendant le moyen âge. César, comme tous les grands hommes, aimait avec passion les exercices équestres, dans lesquels il excellait. Il avait, comme nous l'avons vu, un cheval fameux, qui, dit-on, avait *les pieds de devant d'un homme*. Cette fable a, sans doute, une origine pareille à celle de la *tête de bœuf* du cheval d'Alexandre ; mais le cheval de César n'en joua pas moins un rôle dans l'histoire du monde. Il était né dans le palais du héros et ne fut jamais monté que par lui. D'après l'oracle, il présageait l'empire à son maître. Aussi son maître lui donna-t-il tous les soins possibles. César le montait dans les occasions solennelles, fit avec lui la conquête des Gaules, franchit avec lui les rives fatales du Rubicon, au delà duquel il n'y avait plus que le sceptre du monde ou le poignard de Brutus. Enfin, il lui fit élever une statue devant le temple de Vénus Genitrix.

Le cheval de Séjan est fameux dans l'histoire romaine et a donné lieu à un proverbe encore usité maintenant : *il monte le cheval de Séjan*. Ce cheval était *Arzell*, c'est-à-dire qu'il avait une balezane au pied postérieur droit. Après la mort de son maître, favori de Tibère, il passa à Dolabella, à Caïus et à Caniguus, qui tous eurent une fin tragique ; Marc Antoine le montait lorsqu'il fut vaincu par Octave ; enfin, son dernier possesseur, Néjidus, fut par lui culbuté et noyé dans un fleuve.

Spartacus, avant la bataille où il devait être défait par Crassus, avait été assez mal inspiré pour tourner son épée contre le cheval qui l'avait porté. « Si je remporte » la victoire, s'écria-t-il imprudemment, j'aurai assez » des chevaux des ennemis, et si je suis défait, je n'en » aurai pas besoin. » César est aussi coupable d'avoir dit un jour, au moment de livrer une bataille, comme on lui amenait un cheval : « *Je ne m'en servirai qu'après la* » *victoire, pour la poursuite de l'ennemi.* »

Caligula aimait passionnément les chevaux. On sait qu'il voulut élever l'un des siens à la dignité de consul : personne n'a oublié l'illustre nom d'*Incitatus*. L'empereur, son maître, lui fit construire une écurie de marbre, lui donna une auge d'ivoire, des couvertures de pourpre et un collier garni de perles d'Orient. Incitatus avait un palais richement meublé ; une foule d'officiers et d'esclaves formaient sa cour, et les convives invités en son nom étaient reçus avec magnificence. La veille des courses du cirque, l'empereur envoyait des soldats pour faire observer le silence dans les environs de sa demeure, et empêcher que son sommeil ne fût troublé. Quelquefois il l'invitait à sa propre table, lui servait lui-même l'orge dorée, lui présentait lui-même le vin d'une coupe d'or où il avait bu le premier. Il le nomma pontife, conjointement avec lui, et il l'eût élevé à la dignité de consul, si la mort lui en eût laissé le temps. Il en était, en effet, déjà venu à faire porter devant Incitatus les faisceaux du consulat. Ce curieux amour de Caligula pour un coursier favori ne peut être, à la vérité, regardé comme une preuve que la dignité impériale exclut toujours toute idée de folie chez ceux qui en sont revêtus. Cependant Voltaire fait ici cette réserve, dans le quatrain suivant :

> Si dans Rome avilie un empereur brutal
> Des faisceaux d'un consul honora son cheval,
> Il fut cent fois moins fou que ceux dont l'imprudence
> En d'indignes mortels a mis sa confiance.

Vérus se distingua aussi par son attachement pour les chevaux, et en particulier pour son cheval Volucris. Il le nourrissait de raisins secs et de pistaches. Il fit faire sa statuette en or et la portait partout avec lui. Il lui fit, après sa mort, élever un tombeau au Vatican.

Auguste avait aussi fait construire un monument en l'honneur de son cheval, que Germanicus avait chanté dans ses poésies.

Caracalla ne nourrissait ses coursiers qu'avec des raisins d'Apamène.

Nous avons déjà parlé de la passion de Néron pour les courses et les jeux du cirque ; nous ne reviendrons pas sur ce sujet.

Adrien donna des sépultures monumentales à plusieurs chevaux, à son cheval *Borystène*, entre autres, en mémoire duquel il composa, en outre, lui-même, une épitaphe.

A Rome, la possession d'un cheval était un droit uniquement réservé aux sénateurs, aux chevaliers, aux membres des corps municipaux et aux gouverneurs des provinces. Ce droit cependant, par une exception bizarre, s'étendait aussi à la corporation des marchands de porcs, mais seulement dans le cercle de la banlieue de la ville.

Les Romains, à l'exemple des Perses, avaient établi des postes sur les routes ouvertes dans toutes les directions de l'empire. Il n'y en avait pas moins de cinq par journée, sur chaque route, dit Properce, et quelquefois il y en avait jusqu'à huit. Il n'y en avait pas qui ne fût pourvue de quarante chevaux, avec autant de postillons et de palefreniers qu'il était nécessaire.

Au temps de la république, les médailles consulaires portaient toutes des images équestres au revers : tantôt c'étaient les Dioscures, en l'honneur desquels un temple s'élevait près du cirque Flaminius ; tantôt c'était un cavalier lancé au galop, de toute la vitesse de son cheval ; le plus souvent c'était un char attelé de deux chevaux et quelquefois un quadrige.

Sous les empereurs, le revers des médailles présenta les mêmes images, dans un cercle plus varié de sujets. Le char attelé de deux ou quatre chevaux y est ordinairement le signe du triomphe ; le cheval qu'on tient par la bride y exprime une victoire remportée, soit dans les combats, soit dans les jeux du cirque.

Le cheval était, comme l'aigle, représenté sur les enseignes guerrières de Rome.

On a fait une observation curieuse en parcourant les catacombes. On a remarqué que les tombeaux des premiers chrétiens sont, en grand nombre, ornés de gravures et de dessins représentant des chevaux ou d'inscriptions indiquant la profession du mort, quand cette profession se rattache aux chevaux, de quelque côté que ce soit. On lit, par exemple, dans plusieurs épitaphes : *Collegii jumentariorum...* ou *sacro stabulo...* ou *cursui publico...* ou même *circo...* ou enfin *agitores.* Les inscriptions d'une autre espèce, ainsi que les gravures et les dessins, ne sont d'ailleurs, d'ordinaire, que des allégories mystiques, faisant allusion soit à la brièveté de la vie symbolisée par la vitesse du cheval, soit à cette lutte, à cette course terrestres, dans lesquelles l'apôtre saint Paul excite le fidèle à déployer tout courage et toute persévérance, quand il dit : *Bonum certamen certavi, cursum consummavi... Qui perseveraverit usque ad finem, hic coronabitur.*

Cependant le dernier jour de Rome approchait ; le cheval n'était plus qu'un vain ornement de ces fêtes dont le peuple était aussi avide que de pain (*panem et circenses*) ; la forte cavale gauloise, à la vaste poitrine, le Roussin du Franck, balayant la terre de son épaisse crinière, le coursier sans frein du Numide n'étaient plus là pour garder les portes brisées de la ville superbe : l'empire s'affaissait comme ces vieux chênes minés par le temps, qui couvrent encore de leurs vastes branches le pâtre et ses brebis, mais qui, n'ayant plus de racines, vont désormais succomber au premier souffle de l'aquilon.

« Attila, cet homme qui du fond de sa ville de bois, dans les herbages de la Pannonie, ne savait lequel de ses deux bras il devait étendre pour saisir l'empire d'Orient ou l'empire d'Occident, et s'il arracherait Rome ou Constantinople de la terre, » Attila vint faire boire ses coursiers Kalmouks aux eaux de la Seine et du Tibre. Arrêté devant Paris par la vierge de Nanterre, devant Rome par saint Léon, il ravage l'Italie, détruit Aquilée, en s'écriant : « Là où mon cheval a passé, l'herbe ne repousse » plus. » Mais il se trompait dans son orgueil : l'herbe a repoussé sous les pas du coursier *du fléau de Dieu*. L'orage qui porte dans ses flancs la grêle et le tonnerre fait aussi mûrir les moissons et ambrer les fruits de la vigne.

> Pour effacer des coursiers du barbare
> Les pas empreints dans tes champs profanés,
> Jamais le ciel te fut-il moins avare?
> D'épis nombreux vois les champs couronnés

CHAPITRE VIII

Le vieux monde finissait ; la civilisation orientale, descendue jusqu'aux limites de l'occident, était allée éveiller dans leurs forêts des peuples neufs et terribles, qui vinrent à leur tour maîtriser la terre et servir de guides aux nations. Jusqu'ici nous n'avons contemplé que le cheval du midi, aux allures légères et à l'œil de feu ; nous avons à peine entrevu le cheval du nord, couvert sous son harnais sauvage, à moitié caché sous son épaisse crinière, attelé aux lourds chariots de la Germanie ou aux chars armés de faulx des Celtes-Bretons. Bientôt ce coursier dégénéré va sortir de son barbare esclavage, se retremper au noble sang dont il est descendu et reconquérir ses titres de gloire. Joignant la vigueur et la grâce de ses pères aux formes athlétiques qu'il a trouvées dans les humides pacages et sous le ciel brumeux du nord, le Destrier, cheval inconnu dans les temps antiques, va fonder les royaumes de l'Europe moderne, et lutter contre le cheval arabe lui-même, dans les champs de Thessalonique et de la Massoure.

Les Francs étaient une confédération de peuples Germains parmi lesquels se trouvaient les *Marses*, de la race des Isterons, dont le nom, ainsi que celui des *Marcommans*, indique les habitudes équestres. C'étaient, comme nous l'avons vu, d'intrépides cavaliers que ces rudes Germains à l'œil bleu, à la chevelure blonde, couverts de la peau de l'ours et du bison et armés de l'angon d'acier. Leurs enseignes portaient un cheval blanc aux fougueuses allures. Leurs bardes chantaient les Walkyries, chevauchant sur d'ardentes haquenées : « Les déesses » qui président aux combats, ces belles Walkyries étaient » à cheval, couvertes de leur casque et de leur bouclier. » Allons, disent-elles, poussons nos chevaux au travers » de ces mondes tapissés de verdure qui sont la demeure » des dieux. »

Voici comment M. de Châteaubriant a peint le cheval de Clodion :

« La cavalerie romaine s'ébranle pour enfoncer les » barbares ; Clodion se précipite à sa rencontre : le roi » chevelu pressait une cavale stérile, moitié blanche, » moitié noire, élevée parmi des troupeaux de rennes et » de chevreuils, dans les haras de Pharamond. Les bar» bares prétendaient qu'elle était de la race de *Rinfax*, » cheval de la Nuit, à la crinière gelée, et de *Skinfax*, » cheval du Jour, à la crinière lumineuse. Lorsque pen-

» dant l'hiver, elle emportait son maître sur un char d'é-
» corce, sans essieu et sans roues, jamais ses pieds ne
» s'enfonçaient dans les frimas, et plus légère que la
» feuille du bouleau roulée par le vent, elle effleurait à
» peine la cime des neiges nouvellement tombées. »

Le Franck chantait dans ses chansons d'amour : « Je
» sais faire huit exercices ; je me tiens ferme à cheval ; je
» nage, je glisse sur des patins, je lance le javelot, je manie
» la lance ; cependant une fille de Russie me méprise. »

En prenant pied sur le sol gaulois, les Francs, en
gardant leur propre expérience, s'approprièrent tout d'a-
bord, comme par instinct, toutes les habitudes des Gaulois et des Romains. Ils puisèrent ainsi dans une triple
source la science hippique, telle à peu près que nous la
retrouvons de nos jours.

Le Sicambre, devenu citoyen, posa sur un monticule,
près des eaux, la tour de bois qui formait le centre de
son aleu. Une épée et un cheval, voilà sa richesse ; et
cette richesse le rendait l'égal des rois. Le don d'un cheval, chez les Germains, était la plus haute récompense
du courage et de la valeur : « Ils attendent, dit Tacite,
» de la libéralité de leur chef, ce cheval de bataille et
» cette framée sanglante et victorieuse. »

Les catégories sociales que nous avons vues établies
dans les Gaules disparurent ; la chevalerie romaine, la
trimarchie gauloise, la cavalerie franque se fusionnèrent
en une vaste confrérie, la chevalerie, qui pendant huit
siècles gouverna le monde et fonda tous les empires modernes. Nous réservons une place spéciale à sa magnifique histoire, dont le cheval est le héros de fait, comme il
l'est par la gloire de son nom.

Dans la France naissante, les habitudes germaniques ne firent qu'ajouter encore à la sollicitude que les Romains et les Gaulois avaient portée aux chevaux et à ceux qui les soignaient.

D'après les lois allemandes, le maréchal qui gouvernait habituellement douze chevaux, dans la maison du chef de famille, était assez considéré pour que, s'il venait à être tué méchamment, son meurtrier payât le *wehrgeld*, ou prix du sang, de 40 sous (solidi).

Le cheval était aussi lui-même particulièrement protégé par les lois franques. Celui qui avait seulement monté un cheval ou une jument sans la permission de son maître, était mis à l'amende de 15 sous d'or ; et le vol du cheval de guerre d'un Franc, d'un cheval hongre, d'un cheval entier ou de ses cavales, était puni des plus fortes peines.

Voici un fait qui prouve le prix qu'on attachait à un bon cheval, en ce temps de combats journaliers et de courses rapides : Clovis, ayant défait les Visigoths, va au tombeau de saint Martin remercier Dieu de la victoire. Il offre en présent au monastère le cheval sur lequel il était monté le jour de la bataille de Vouglé. Mais bientôt, tant un bon coursier est chose rare, Clovis regrette son offrande ; il redemande son cheval au prix de 50 marcs d'argent. Les moines lui répondirent que saint Martin tenait aussi beaucoup au présent qui lui avait été fait. Clovis fut obligé de doubler la somme pour faire taire les scrupules du monastère. Ce fut alors que le rude Sicambre murmura, dit-on, dans sa barbe : « Saint Martin » sert bien ses amis ; mais il leur vend ses services un » peu cher. »

Le soin des chevaux était, vers les cinquième et sixième siècles, en France, l'occupation spéciale des principaux possesseurs du sol. Malheureusement les moines, seuls chroniqueurs de ces temps ténébreux, n'étaient pas ordinairement des hommes de cheval et ne nous ont laissé que peu de documens sur les habitudes équestres de cette époque. Cependant nous retrouvons çà et là les preuves de grands établissemens hippiques, entretenus par les barons romains, gaulois et francs, qui habitaient alors la France naissante. Nous voyons entr'autres, dans la vie de saint Sever, que, pendant sa jeunesse, il fut employé parmi les gardiens des cavales d'un certain Corbécénus, puissant feudataire du pays du bocage Neustrien. On ne sait quelle était l'origine de Corbécénus; mais il faisait sa demeure dans un château placé sur le flanc d'une montagne, près du cours de la Beuvronne, qui prend sa source dans la forêt actuelle de Saint-Sever et va se confondre avec la rivière de Vire, au-dessous de la ville de ce nom. Ce pays de Vire possède, en effet, d'excellens pâturages et des eaux limpides : Corbécénus pouvait y nourrir une grande quantité de cavales et de poulains.

Les Francs avaient pris d'un peuple de la Gaule, appelé les Bastern, une sorte de chariot, qui fut appelé *basterne*, de leur nom. On y attelait des bœufs, et les femmes s'en servaient habituellement pour les voyages et les promenades. Clotilde avait quitté, dans une basterne, le palais de son oncle, pour venir épouser Clovis, quand, sur un avis qui lui vint, elle sort du chariot, s'élance sur un cheval et atteint la terre de délivrance, où elle devait avoir une mission si glorieuse à remplir. Le souvenir de Clotilde se lie aux premiers jours de la nationalité française ; c'est une de ces femmes qui, comme sainte Geneviève et Jeanne-d'Arc, donnent à l'histoire de France un cachet de grâce et de poésie qui manque à toutes les autres.

Nous voyons encore la basterne dans l'aventure de la fille de Deuthéric, précipitée au fond de la Meuse par un attelage de jeunes bœufs indomptés.

Si, du reste, l'ambition des premiers chefs de notre nation était d'avoir un grand nombre de chevaux pour subvenir aux besoins sans cesse renaissans de la guerre et de la dévastation, nous ne voyons pas qu'on prît pour cela, dans les armées, grand soin de la nourriture, de la santé, de l'entretien et de l'hygiène du cheval. C'est que le barbare se faisait encore trop sentir dans le guerrier franc. L'ouvrage intitulé *Gesta francorum* nous apprend que c'était l'usage des Francs, à la guerre, d'abandonner leurs chevaux à eux-mêmes, de les laisser paître au hasard. Ils se contentaient, en les mettant ainsi en liberté, de leur attacher au cou une clochette dont le bruit les guidait au moment où il s'agissait d'aller à la recherche de leurs montures. On raconte que Frédégonde profita de cette coutume pour tromper l'armée de Brunehault à la bataille de Croucy. Quelque peu de crédit que méritent les détails dont cette histoire est ornée, le fait en lui-même n'en demeure pas moins certain. On a, d'ailleurs, supposé que c'était cet usage, très ancien, il faut en convenir, et remontant même jusqu'aux peuples nomades, qui avait fait de la clochette, pendant tout le moyen âge et jusqu'à nos jours, l'ornement obligé du cheval, et même quelquefois un titre d'honneur pour le coursier qui s'en trouvait décoré. Mais nous pensons toujours qu'il faut reporter aux Romains, ainsi que nous l'avons dit plus haut, l'idée de faire entrer la clochette dans la toilette du cheval.

Pourquoi faut-il qu'il y ait eu dans notre histoire un siècle assez féroce pour inventer ce supplice affreux, où le cheval a été forcé de jouer un si épouvantable rôle! Passons sans nous arrêter sur cet horrible récit où figure la cavale indomptée qui dispersa les membres palpitans de la vieille reine Brunehault.

L'époque mérovingienne est empreinte au plus haut degré du sentiment hippique. Ces luttes de peuples barbares, ces invasions, ces courses lointaines, les chocs terribles des Huns, des Germains, des Vandales, des Maures, au nord et au midi, en orient et en occident, tout cela était impossible, sans le dos vigoureux et la jambe nerveuse du cheval. Attila, Clovis, Mahomet, portés sur de rapides coursiers, comme la mort sur son cheval pâle, courbaient les peuples sous la loi de leur épée, loi suprême, et la seule ici bas que l'homme n'ose blasphémer.

Aussi l'homme qui n'était pas toujours à cheval n'était qu'un *vassal*. La clergie seule a pu se permettre de négliger l'équitation, symbole de la puissance.

Savez-vous pourquoi la race de Clovis a fait place à celle de Pépin? pourquoi les fils des rois chevelus ont subi la tonsure du moine? pourquoi la France a perdu Childéric et gagné Charlemagne? Eginhard va vous l'apprendre: « *Quocumque eundum erat carpento ibat, quod* » *bobus junctis, bobus rustica more actis trahebatur;* » *sic ad palatium, sic ad publicum populi sui conven-* » *tum, qui annatim ob regni utilitatem celebrabantur,*

» *ire, in domum redire solebat.* » S'il fallait qu'il allât quelque part, il voyageait monté sur un chariot traîné par des bœufs, qu'un bouvier conduisait à la manière des paysans ; c'est ainsi qu'il avait coutume de se rendre au palais et à l'assemblée générale de la nation qui se réunissait une fois chaque année pour les besoins de l'État.

> Quatre bœufs attelés, d'un pas tranquille et lent,
> Promenaient dans Paris le monarque indolent.

Oui, les rois fainéans avaient laissé dormir les coursiers de bataille de leurs pères ; ils se faisaient traîner dans un char, *carpento* ; avec des bœufs, *bobus junctis* ; comme des paysans, *rustico more*. Ah! ils méritaient vraiment de perdre l'empire du monde! C'était sur un bon et vigoureux coursier que Charles Martel, dans les champs de Poitiers, conquit la couronne que son fils Pépin légua à la brillante dynastie des Carlovingiens.

Le besoin d'être toujours à cheval fit modifier les anciens usages. L'*ephippium* des Romains se modifia peu à peu ; la selle commença à paraître avec ses étriers, ses battes de bois et ses sangles, la croupière et le poitrail. Ce fut vers l'an 340 que l'histoire fait pour la première fois mention de la selle équipée. Saint Jérôme est le plus ancien auteur qui en ait parlé. Les étriers étaient appelés *stupia*, *bistupia* et *strepa*. A l'époque de la conquête de l'Angleterre, les Normands se servaient de selles e d'étriers, comme le prouve le harnachement des chevaux de la tapisserie de la reine Mathilde, monument contemporain. Cependant une curieuse remarque, c'est que quelques unes des selles qui figurent dans cette tapisserie n'ont t pas d'étriers. Faudrait-il en conclure, avec plusieurs auteurs, que l'usage n'en était pas général à cette époque? C'est une opinion que viendrait confirmer le fait suivant, dont on pourrait même inférer que les étriers s'attachaient et se détachaient à volonté de la selle.

D'après G. de Malmesbury, Guillaume-le-Roux, ayant eu un cheval tué sous lui, au siége du Mont-Saint-Michel, s'en fit amener un autre et sauta dessus sans attendre qu'on lui mît des étriers : *non expectato ascensorio sonipedem insiliens.*

C'est aussi à l'invasion des peuples du Nord que remonte une autre invention importante dans les fastes hippiques, l'invention de la ferrure. Le cheval méridional, à la corne dure, au sabot cylindrique, marchant la plupart du temps sur un sol sec et sablonneux, n'avait pas exigé ce perfectionnement qu'on a justement appelé un mal *nécessaire;* mais le cheval du Nord, à la corne spongieuse, au sabot aplati, foulant alternativement des terres humides qui amollissaient la corne de ses pieds, et des terrains pierreux qui la brisaient et la comprimaient, devait être l'objet d'une précaution sans laquelle il fût bientôt devenu inutile. L'on attacha même dès lors une telle importance à la ferrure, que, chez tous les peuples modernes, le nom de l'artiste ou de l'ouvrier chargé de ferrer les chevaux devint non seulement un nom très répandu, mais encore un titre de noblesse, une marque de dignité. Ainsi les noms de *Maréchal,* dans la France ; de le *Goff,* en Bretagne; de *Smith,* en Angleterre ; de *Ferrières,* en Normandie, et de *Ferrers,* en Angleterre, ont pour origine principale la ferrure des chevaux. Les de *Ferrières* portaient de gueulles à l'écusson d'hermines et à l'orle de huit fers à cheval. On retrouve dans beaucoup d'armoiries des fers à cheval en plus ou moins grand nombre. Il n'y a aucun doute que l'origine des maisons qui les portent ne soit celle que nous indiquons. Enfin le *Domesday Book* contient plusieurs donations faites par Le Conquérant à des ouvriers ferrans : tant on attachait d'importance à leur art et aux progrès qu'on lui faisait faire !

L'invasion romaine avait été, pour les Gaules, comme une vaste inondation débordant avec impétuosité sur le sol, le couvrant de toute part pendant un temps plus ou moins long, et se retirant ensuite peu à peu, non sans laisser des traces durables de son violent passage. L'invasion franque fut semblable à un de ces empiètemens de la mer venant s'emparer d'un rivage, s'y creuser un nouveau lit pour le garder à jamais. Les eaux alors laissent quelquefois surnager à leur surface de petites îles, témoins irréfragables de leur irrésistible et éternelle conquête.

C'est ainsi que, sous la dénomination des Francs, quelques débris des Gaules, protégés par des bois épais, des marais inaccessibles, des montagnes escarpées, prétendirent conserver, au milieu de l'Europe, une nationalité particulière et réussirent au moins à garder jusqu'à nos jours le cachet de leur origine. La race bretonne surtout, issue des Gaulois, Celtes et Kymris, repoussée par les Francs dans l'Armorique, par les Angles et les Saxons dans les montagnes galloises et calédoniennes, vécut encore pendant plus de dix siècles de sa première vie, inculte, active et batailleuse.

Comme tous les peuples doués d'une imagination vive

et poétique, le peuple Breton eut ses temps fabuleux et son épopée mystérieuse. Ce fut lui qui créa cette mythologie du moyen âge, si habilement exploitée par les poètes modernes : l'Arioste, Le Tasse, Skakespeare, Cervantes, génies étrangers qui savaient mieux profiter que nous des merveilles écloses à notre soleil.

Souvenirs de la Table-Ronde, d'Arthur et de Tristan, de la blonde Iseult et d'Oriane ; enchantemens de Brocéliande, veillées du château de Joyeuse-Garde, récits de la Roche-Périon, patrie d'Amadis, ce type merveilleux du héros chrétien, vous naquites au bruit des vagues de la mer, sur le sein des fées de la Gaule, dans les antres mystérieux du pays d'Arvor.

Et le cheval vient se mêler à toute votre poésie. Il y est l'ami et le compagnon des héros ; il y porte les dames de leurs pensées ; il y fournit le don le plus précieux que l'on puisse faire à l'amitié ou à l'amour ; les amusemens qu'il y procure sont les plus nobles, les plus agréables et les plus estimés de tous.

Il y avait trois choses qu'on ne pouvait saisir pour dettes chez un homme libre du pays de Galles : son *cheval* d'abord, puis son *épée* et sa *harpe*.

Gradlon reçoit d'une fée un superbe coursier appelé Gadifer, qui le menait de victoire en victoire. Lors de la destruction de la ville d'Is, Gradlon se sauva à cheval, emportant en croupe sa fille Dahut, ce démon aux yeux d'ange, qu'il précipita dans la mer par l'ordre de Dieu. Son cheval devint sauvage, dit le chant populaire.

« Forestier, forestier, dis-moi, le cheval sauvage de » Gradlon, l'as-tu vu passer dans cette vallée ? Je n'ai » pas vu passer dans cette vallée le cheval de Gradlon ;

» je l'ai seulement entendu la nuit : trip-trep, trip-trep,
» trip-trep, rapide comme le feu. »

Le cheval, chez tous les peuples orientaux et chez tous
les peuples du Nord, était, comme nous l'avons vu, considéré comme le symbole de la guerre. Dans tous les anciens chants bretons, les chefs belliqueux sont comparés
à des chevaux marins et à des chevaux de guerre :

« Je vois le cheval de mer venir à sa rencontre et faire
» trembler le rivage.....

» Tiens bon ! tiens bon ! cheval de mer ! frappe-le à la
» tête ! frappe fort, frappe ! »

Les femmes montaient à cheval comme les hommes :
Tréfine, fuyant de chez l'infâme Comore, pour re-
oindre son père, le comte de Vannes, fit équiper sa
» haquenée et tira le grand galop vers Vannes. »

Les guerriers soignaient et pansaient eux-mêmes leurs
chevaux, comme les héros d'Homère. Ils avaient même
soin de la ferrure.

On lit dans les chants populaires de Bretagne, recueil-
lis par M. de la Villemarqué :

« ..... Et toutes les maisons qu'il voyait étaient rem-
» plies d'hommes d'armes et de chevaux, et chacun four-
» bissait son casque, et frottait son épée, et lavait son
» armure, et *ferrait son cheval.* »

Nous avons vu, dans la Grèce, les femmes des héros
et les filles des rois soigner et panser elles-mêmes les
chevaux de leurs maris, de leurs pères et des étrangers
qu'elles voulaient honorer. Nous retrouvons cet usage
dans les habitudes bretonnes des quatrième et cinquième
siècles. L'ouvrage que nous venons de citer nous en fournit encore la preuve dans les lignes suivantes :

« La salle du château de Kénou était occupée par
» vingt-quatre jeunes filles qui brodaient du satin dans
» l'embrasure de la fenêtre.…… et la moins gracieuse
» était plus gracieuse que Givennivar, l'épouse d'Arthur,
» quand elle paraît ornée de toutes ses grâces, à la
» messe, le jour de Noël ou de Pâques. Et elles se levè-
» rent à mon approche, et six d'entr'elles prirent mon
» cheval et me désarmèrent..… Or, les six jeunes filles
» qui avaient pris mon cheval le déharnachèrent aussi
» lestement que si elles eussent été les meilleurs écuyers
» de l'île de Bretagne.…

» Dès le point du jour, tout le monde était debout,
» et Arthur appela les gardes qui veillaient à la porte de
» sa chambre, et ils entrèrent tous quatre, et ils le sa-
» luèrent, et ils l'habillèrent; or, le prince s'étonnait de
» ce que Givennivar ne se levait pas et ne quittait pas
» son lit, et les gardes voulurent l'éveiller.

» Ne la réveillez pas, dit Arthur, elle aime mieux dor-
» mir que venir à la chasse.

» Et Arthur sortit, et il entendit deux cors sonner,
» l'un du côté de la demeure du grand veneur, l'autre
» du côté de celle du chef des écuyers; et toute la troupe
» des chasseurs se réunit à lui, et ils partirent pour la
» forêt.

» Et après leur départ, Givennivar s'éveilla, et elle
» appela ses femmes, et elle s'habilla.

» Femmes, dit-elle, on m'a permis hier au soir d'as-
» sister à la chasse; allez donc, une de vous, à l'écurie,
» et faites-y préparer un cheval qu'une dame puisse
» monter.

» Et une d'elles s'y rendit et n'y trouva que deux che-

» vaux, et Givennivar et une de ses femmes les montè-
» rent, et elles passèrent la rivière d'Osk, et elles sui-
» virent la trace des chevaux des chasseurs.

» Et comme elles chevauchaient ainsi, elles entendi-
» rent un grand bruit, et elles détournèrent la tête et
» virent un chevalier monté sur un jeune coursier de
» chasse d'une haute taille, et c'était un jeune homme à
» l'air noble, aux cheveux longs, aux jambes nues, por-
» tant au flanc une épée à garde d'or, vêtu d'une robe
» et d'un manteau de satin, chaussé de fins souliers de
» cuir et ceint d'une écharpe de pourpre bleue, aux deux
» bouts de laquelle pendaient deux pommes d'or, et son
» coursier marchait d'un pas relevé, vif et fier............

. . . .

» La dame fit donc amener un beau coursier noir de
» Gascogne, portant une selle de hêtre, et apporter une
» armure complète d'homme et de cheval.

» Un jour qu'Owenn était assis à table, à Kerléon-
» sur-Osk, voici venir une demoiselle vêtue d'une robe
» de satin jaune, et montée sur un cheval bai à crinière
» flottante et couvert d'écume, et la bride et la partie
» découverte de la selle étaient d'or, et elle s'avança vers
» Owenn, et elle lui arracha du doigt son anneau nuptial.

. . . .

» Il faudra que tu aies soin toi-même du cheval de
» ce jeune homme, car nous n'avons pas de valets. J'au-
» rai, répondit-elle, tout le soin de sa personne et de
» son cheval.

» Et la jeune fille désarma le jeune homme, puis elle
» porta au cheval du grain et de la paille, et revint dans
» la salle et rentra dans la chambre. »

Parmi les curieux détails que nous offrent les anciennes légendes, on ne lira pas sans étonnement la description suivante d'une course de chevaux au cinquième siècle ; elle est extraite d'un chant populaire de Bretagne, intitulé *le Barde Merlin*.

« Ma pauvre grand'mère, écoutez-moi, j'ai envie d'al-
» ler à la fête.

» À la fête et aux courses nouvelles que donne le roi.

. . . .

. . . .

» Il a équipé son poulain rouge ; il l'a ferré d'acier
» poli ; il l'a bridé et lui a jeté sur le dos une housse lé-
» gère, et lui a attaché un anneau au col, et un ruban à la
» queue, et il l'a monté, et il est arrivé à la fête nouvelle.

» Comme il arrivait au champ de fête, les cornes son-
» naient : la foule était pressée et tous les chevaux bon-
» dissaient : celui qui aura franchi la grande barrière du
» champ de fête au galop,

» En un bond vif, franc et parfait, aura pour épouse
» la fille du roi.

» À ces mots, son jeune poulain rouge hennit à tue-
» tête, bondit et s'emporta, et souffla du feu par les na-
» seaux, et jeta des éclairs par les yeux, et frappa du
» pied la terre ; et tous les autres étaient dépassés, et la
» barrière franchie d'un bond.

» Sire, vous l'avez juré, votre fille Linor doit m'appar-
» tenir. »

On voit que le sol français peut revendiquer à bon droit l'origine de ces courses, que mille ans plus tard nous sommes allés redemander à une nation plus soigneuse que nous de ses intérêts les plus chers.

Le goût du cheval était inné chez les peuples bretons, et l'histoire nous fournit une foule d'autres documens qui démontrent combien ces peuples attachaient d'importance à la possession et à l'amélioration de leurs races de chevaux.

Les seigneurs et les abbayes possédaient des haras qu'ils entretenaient avec grand soin, et dans lesquels ils introduisaient, lorsqu'ils le pouvaient, des étalons orientaux, reconnus, dans tous les temps et par tous les peuples, comme la base de toute amélioration hippique. Parmi les abbayes qui possédaient les chevaux les plus renommés, on cite celle de Quenipily, à laquelle Allain Fergant, partant pour la Terre-Sainte, concéda une terre, moyennant mille sous et un *beau cheval*.

L'abbaye de Redon possédait aussi un beau haras. Son abbé vint, en 1108, faire une demande au même Allain Fergant, et lui offrit un cheval estimé 300 sous, somme énorme à cette époque. Un autre duc, vers 1260, acheta la ville de Brest, moyennant une haquenée blanche et 100 livres de rente.

Les croisés bretons, comme ceux de toutes les autres contrées, ramenèrent avec eux, dans leur pays, un grand nombre de chevaux arabes. On cite, parmi ces dignes enfans de l'ancienne Bretagne, les Goyon, sieurs de Matignon et Alain Fergant lui-même.

Une charte de 1212 témoigne qu'Olivier, vicomte de Rohan, ramena de la croisade neuf chevaux arabes, qu'il abandonna dans la forêt de Kénécan, où déjà se trouvait un certain nombre de coursiers à l'état demi-sauvage. Il obtint du mélange de ces familles équestres une race nombreuse et fort estimée, dont il concéda la moitié à l'abbaye de Bon-Repos. Dans le dessein de propager cette race précieuse, il défendit l'exportation des étalons et prit de sévères mesures au sujet des jumens qui en provenaient. C'est, sans doute, à ce fait qu'il faut rapporter l'origine du droit exercé par les ducs de Rohan sur la foire à chevaux qui se tenait, le 6 juillet, à Noyal, près Pontivy. Cette foire réunissait chaque année plus de 3,000 coursiers. Les vendeurs étaient obligés de les faire passer tous en revue devant le vicomte ou son écuyer, qui pouvait en choisir le nombre qu'il voulait, en les payant un prix fixé selon le cours du jour. Le cheval vendu en violation de cette règle était confisqué.

Dans les *Chants populaires de Bretagne*, les bardes n'oublient jamais de faire mention de ce noble compagnon de l'homme dans les affaires de guerre, de plaisir ou d'amour ; en voici quelques exemples :

L'épouse du croisé : « Peu de temps après, elle était
» belle à voir la cour du manoir du Faouët, toute pleine
» de gentilshommes, chacun avec une croix rouge sur
» l'épaule, chacun sur un grand cheval, chacun avec
» une bannière, s'en allant chercher le seigneur pour
» aller à la guerre. »

Les templiers : « Trois moines, sur leurs grands che-
» vaux bardés de fer de la tête aux pieds, au milieu du
» chemin ; trois moines rouges. »

Azenor-la-Pâle : « C'est à cheval qu'était messire
» Iven, quand il aperçut la belle Azenor.

» Elle était assise près de la fontaine, lorsque passa
» messire Iven ; messire Iven sur son cheval blanc, tout
» à coup au grand galop, tout à coup au grand galop,
» qui la regarde du coin de l'œil. »

Élégie de M. de Nevet : « Le jeudi matin, M. de Karné
» demandait, en revenant de la fête de la nuit...

» En revenant chez lui sur son cheval, vêtu d'un ha-
» bit galonné. »

La meunière de Pontaro : « C'est là qu'on voit les
» jeunes gens sur de grands chevaux enharnachés, avec
» des plumes à leurs chapeaux, pour séduire les jeunes
» filles. »

On regarde généralement les lois d'Houël-d'Ha, prince
de Galles, comme un recueil de préceptes gaulois, enri-
chis des trésors de la science et de la pratique des lois
romaines. Le législateur des Bretons s'est beaucoup oc-
cupé du cheval. On trouve parmi ses prescriptions jusqu'à de curieuses particularités touchant la valeur et la
vente des chevaux. Il avait, par exemple, fixé à 14 sols
le prix d'un poulain de quatorze jours ; à 48 sols, celui
d'un poulain d'un an et un jour. Il estimait 60 sols le
jeune cheval de 3 ans, neuf et non dressé ; à 120 sols le
coursier du même âge accoutumé à la bride et dressé
pour la parade ou le service. Les fraudes des maqui-
gnons ne lui étaient pas inconnues et n'échappèrent pas
à sa juste sévérité. Il avait accordé à l'acheteur un certain temps pour s'assurer si le cheval était exempt de
vices rédhibitoires : trois jours pour découvrir le vertigo,
trois mois pour reconnaître les maladies de poitrine, et
une année pour constater la morve. Chaque tare découverte après la vente donnait lieu à la restitution du tiers
du prix de vente, les défauts des oreilles ou de la queue
exceptés.

On sait que les Anglais ont des lois pour réprimer les
mauvais traitemens exercés sur les animaux ; mais on

ignore généralement que l'origine de ces lois remonte
aux anciens Bretons. Le code du prince Honël-d'Ha renferme cette disposition : « Lorsqu'un cheval de louage
» aura été écorché sur le dos, il sera payé 4 sols ; si la
» peau est tellement enlevée que la chair soit à nud, 8
» sols ; enfin, si la chair est enlevée et que la blessure
» aille jusqu'à l'os, 16 sols. »

Lorsque les hommes du Nord, sous le nom de Saxons,
de Danois et de Normands, vinrent rajeunir le sang de
la vieille Europe, ils n'amenèrent pas de chevaux avec
eux. Montés sur leurs barques rapides, ils avaient pour
habitude de marcher sur les rames en mouvement, de
braver les vents et la tempête, la tempête qui aidait les
bras de leurs rameurs, les vents qui les menaient où ils
voulaient aller. L'équitation leur était inutile, et Rollon,
surnommé dans les chroniques *the walker*, le marcheur,
allait presque toujours à pied. Cependant, comme ces
hommes énergiques avaient l'instinct de toutes les gloires,
ils devinrent cavaliers sitôt qu'ils eurent vu briller l'œil
d'un coursier, sitôt qu'ils eurent entendu le pied d'un
coursier sonner sur le granit du rivage : *et eodem ipso
anno (866) pervenit magnus paganorum exercitus in
Anglorum terram et hiberna cœperunt in orientalibus
anglis, ibique equites facti sunt.* Cette même année
(866), il arriva une grande armée de païens sur la terre
d'Angleterre ; ils prirent leurs quartiers d'hiver sur la
côte orientale, et là se firent cavaliers.

On lit dans Robert Wace :

N'estaient mie chevaliers,

> N'il ne savaient chevalchier ;
> Tot à pié portaient lor armes.

Cependant il ne serait pas juste de dire que tous ces hommes du Nord ignorassent complétement l'équitation avant de commencer leurs excursions guerrières. Le Danemarck, la Norvége, la Suède, étaient, au contraire, des pays où le cheval avait été très anciennement connu et utilisé ; seulement, l'habitude du cheval n'était pas encore entrée dans les mœurs des habitans de ces contrées. Dans Robert Wace, on trouve l'expression *chevaucher* employée à propos des combats livrés par Rollon, dans son pays, avant son départ pour ses conquêtes :

> « En la terre as deux frères une nuit chevaucha.....
> » Roa e sa gent ensemble verr li rei chevalchèrent.....»

Parmi les héros scandinaves, devanciers de Rollon, l'histoire cite les deux frères Hengist et Horsa. Ces noms, comme celui d'Hippolyte et une foule d'autres, portent avec eux la preuve que, chez les peuples où ils étaient en usage, le cheval était en honneur. L'un (*horsa*)est le nom générique du cheval dans plusieurs langues du Nord, et s'est conservé dans l'idiome anglais (*horse*) ; l'autre (*hengist*) signifie un cheval entier. *Hengist* et *horsa* déployèrent les premiers, sur les rivages d'Albion et de Neustrie, la bannière des peuples du Nord ; comme si le destin avait voulu marquer d'avance le brillant avenir réservé, dans ces contrées, à la race équestre, dont le nom des deux héros était le vivant emblème. Cet emblème s'est aussi retrouvé plus tard dans l'écusson des ducs de Brunswick et des électeurs de Hanovre, descendans de ces héros du Nord. On y voit le cheval blanc des Germains lancé à toute vitesse, sans selle ni bride, avec la devise : *Nec aspera terrent.*

On dit que ces rois de la mer, pour consacrer les chevaux au dieu de la guerre, leur fendaient les naseaux, leur coupaient les oreilles et détruisaient en eux le sens de l'ouïe.

C'était sur le corps d'un cheval immolé au dieu du Nord, qu'ils faisaient abjurer la croix aux Gaulois réduits en esclavage et consentant à chanter avec eux la messe des lances.

Quoi qu'il en soit, jamais éducation hippique ne fut plus prompte que celle de ces hardis pirates : jamais écoliers n'apprirent si bien leur leçon : du navire, ils s'élancèrent d'un bond sur les chevaux bretons et neustriens, qu'ils arrachaient aux peuples vaincus. Après avoir raconté la première bataille qui eut lieu entre l'armée de Rollon et les Français, Wace ajoute :

> « Chevals quistrent et armes à la guise franchoise
> « Qui lor semblont è plus riche è plus courtoise. »

Les chevaux étaient ainsi regardés par ces soldats normands comme un des butins les plus précieux de la victoire. Le même poëte raconte que dans une bataille :

> « Mult l'ont lance fraite è perchié maint escu
> « Maint cheval gaaingnié, e maint homme feru...
> «... Chevalz ont gaaingnez blancs et banceus (alezans) è sors (bai brun). »

Les vieux auteurs reviennent souvent à cette expression : *chevalz ont gaaingnez* ; c'est toujours la première qu'ils employent après avoir annoncé une victoire.

Rollon avait dans son armée des fantassins et des cavaliers. Il avait aussi des chevaux de somme, pour porter les bagages. Quand il donne ordre à ses barons de se préparer pour la bataille, il leur dit :

> « Notre gelde et nos homs fètes avant hàster
> « E la preie cachier et le sommiers mener
> « Cels ki sont à cheval, fètes avant monter. »

La perte d'un bon cheval était un malheur réel, surtout à cause du prix élevé des coursiers.

Gautier, le veneur, compagnon de chasse de Richard, ayant été renversé de son cheval, dans une escarmouche, fut secouru très à propos par le duc de Normandie, qui se jeta, l'épée au poing, dans la mêlée, et parvint à sauver son fidèle compagnon : mais celui-ci perdit son cheval :

> « Son cheval e perdi ki est de grant valor,
> « Mes li donna Richard un plus bel é meillor. »

Nous avons vu que les chefs germains donnaient à leurs *leudes*, ou fidèles, des armes et des chevaux ; nous retrouvons cette coutume au berceau de la nationalité normande. Wace nous fait part des dons faits par le duc Richard à ses compagnons :

> « Li guens de Normandie fut mult proz è cortoiz.
> « Bien maintint ses vilains, bien out chier ses borgoiz
> « A ses barons dima terres, fiez è couroiz
> « As fitz às vavassors duna droz e starnoiz
> « Armes et Palefroiz é chevals espanoiz. »

Le cheval espagnol, descendant du cheval barbe ou numide, était, à cette époque, le premier cheval de l'Europe ; c'est lui qui commença cette série de croisemens orientaux au moyen desquels l'Angleterre et la Normandie ont dû la gloire de compter parmi les contrées hippiques les plus renommées du monde.

C'était un cheval espagnol que montait Guillaume à la journée d'Hastings. Geoffroy Plantagenet parut aussi aux fêtes de Rouen sur un cheval espagnol. Richard-Cœur-de-Lion fit son entrée à Chypre sur un cheval de cette espèce, et un chevalier donna au monastère du Mont-Saint-Michel *son destrier d'Espagne.*

Du reste, il n'est pas étonnant que le cheval espagnol de cette époque fût arrivé à un haut degré de perfection. L'Espagne était alors à l'apogée de sa gloire. Les Maures élégans de Grenade et de Cordoue y avaient répandu les sciences, l'industrie et la richesse. On célébrait ses chevaux, ses armes ; on imitait ses modes ; on achetait ses étoffes de laine, de soie et d'or.

Cil portait gonfanon d'un drap vermeil d'Espagne.

On sait ce que fit pour la civilisation cette puissante dynastie des fils de Rollon. C'est à elle que l'on doit la formation de la langue française et les premiers poètes qui l'ont illustrée ; c'est à la cour de ses princes que fut polie cette langue d'Oïl que le génie normand conduisit de Wace à Marot, de Malherbe à Corneille, de Saint-Pierre à Lavigne. Au reste, ce qu'elle fit pour les arts, l'industrie, le commerce, la navigation, les arts de la paix et de la guerre, a été généralement apprécié : mais on n'a pas assez dit tout ce qu'elle fit pour l'agriculture en général et en particulier pour l'élève du cheval.

Nous n'entrerons pas ici dans le détail des améliorations agricoles, entreprises par les Normands ; nous donnerons seulement un aperçu des progrès qu'ils firent faire à la race chevaline.

Voici d'abord les fondateurs de haras ou d'établissemens de chevaux : les ducs de Normandie avaient des haras dans leurs principales possessions, spécialement dans les environs de Rouen et de Caen. Ces princes, conformément à l'ancienne coutume des peuples du Nord, avaient, dans leurs domaines, un *marc'h' skall*, pour présider au soin des chevaux. Cet office de maréchal devint quelquefois héréditaire et souvent fournit un titre de noblesse à diverses familles, parmi lesquelles on pourrait citer, par exemple, celle de *le maréchal de Venoix*. Au fief de Venoix, près Caen, était attaché l'emploi de surveiller les écuries du duc de Normandie, et, par suite, tout ce qui tenait à la récolte des foins que devaient fournir au suzerain les grandes prairies de Caen, de Venoix, de Louvigny, etc. En raison de cet office, le possesseur du fief était qualifié *maréchal de Venoix* ou *maréchal de la prairie*.

Les Tesson, ces grands propriétaires normands, dont on avait coutume de dire que, sur trois pieds de terre, deux étaient à eux, avaient établi plusieurs haras dans leurs vastes possessions, situées principalement dans le Bessin, le Cotentin et le Cinglais. Ces haras étaient considérables, renommés en Normandie et en Angleterre. Les Tesson donnaient à l'abbaye de Fontenay, dont ils étaient fondateurs, *la dîme de leur haras de Cerny*.

Les Marmion, si célèbres dans l'histoire normande, ces fiers champions des rois d'Angleterre, devenus, par la conquête, barons de Cramworth et de Scrivelsbye, avaient d'immenses haras dans les environs de Caen, de Fontenay, de Bayeux. C'était là que s'élevaient les coursiers de bataille qui décidaient le *bon droit*, dans les temps de chevalerie. Obligés, par leur charge, d'entretenir un grand nombre de combattans, ils donnèrent tous leurs soins à l'élève et au perfectionnement de la race chevaline. Leur nom a droit d'être compté parmi ceux des premiers hippiatres du monde.

Roger de Belesme, comte de Shrewsbury, possédait de vastes haras dans ses domaines de Normandie et d'Angleterre. Il passa pour être un des premiers qui introduisit en Angleterre le cheval espagnol, pour croiser les races du pays. Nous avons vu par un des passages de Wace ci-dessus cité, que, bien antérieurement, ces chevaux, et probablement l'habitude de leur croisement, étaient connus en Normandie.

Mais les ducs, les barons, n'étaient pas les seuls à posséder des haras. Les abbayes, quoique principalement occupées de travaux scientifiques et agricoles, avaient des établissemens hippiques bien organisés. Elles trafiquaient même de coursiers de bataille. Il leur en était donné soit par de vieux guerriers qui se faisaient moines, soit par des hommes du monde, *pour le salut de leur âme et de celle de leurs proches*. Nous allons citer, à ce sujet, quelques extraits de chartes fort curieux, où l'on verra, outre la preuve du fait que nous annonçons, de quel prix était un bon coursier :

« Dans ce temps, Roger, fils aîné d'Engenald de l'Ai-

» gle, fut tué. Engenald et sa femme Richvéride, vive-
» ment affligés de cette mort, allèrent à *Ouche*, deman-
» dèrent et obtinrent les prières et les bontés des moines,
» pour leur propre salut, ainsi que pour celui de Roger,
» leur fils, dont ils *offraient le cheval, qui était de grand*
» *prix*, à Dieu et aux religieux, pour le salut de l'âme
» de ce jeune homme. Comme le cheval était excellent,
» Esnauld en fit la demande et remit, à Beaudric, ses
» hommes et sa terre de Bauquencey sous l'ancien pou-
» voir du couvent. C'est ce qui fut accordé. Esnauld re-
» çut de l'abbé Robert le cheval de son cousin Roger, et
» remit au domaine de l'église Baudric et toute la terre
» de Bauquencey dont il est question. »

Goisfroy, fils de Baudry de Monfort, consent à la
donation que fait son père aux religieux de Maule,
de divers domaines et dîmes, etc., et reçoit d'eux, en
échange, un cheval de 60 sols et une somme de 20
sols. A cette époque, une paire de souliers valait 6 de-
niers.

Ausold de Maule, en mourant, fit don aux moines
d'un excellent *palefroi*, au lieu duquel Pierre, son fils,
leur donna la terre de Marcenai et leur confirma les donations de ses pères.

Hugues, prieur de Saint-Evrout, donna à Goisley un
cheval de 4 livres, pour la concession que fit ce seigneur des terres données à l'abbaye de Maule par Tesza,
femme de Bernard-l'Aveugle.

Le même donne à Guasron, pour une concesssion pareille, 25 sous et une *coupe de corne*.

Guillaume, fils de Théobald du Moulin, donne et con-
firme toutes les donations faites par son père à l'abbaye

de Barberie, et, pour le dédommager de ces concessions, l'abbaye lui donne un cheval.

Voici l'extrait d'une autre charte du quatorzième siècle, qui prouve l'importance attachée à cette époque à la possession d'un cheval :

Louis d'Orbec reconnaît que lui et ses hoirs sont tenus de payer aux religieux de Friardel 10 sols de rente, et pour en assurer le paiement, il engage tous ses biens et tous ses meubles, excepté *la prinse de son corps et de son cheval.*

L'abbaye du Mont-Saint-Michel, une des plus fameuses de la chrétienté, avait un magnifique haras, et ses religieux donnaient un soin tout particulier à l'élève du cheval. Nous avons vu qu'un chevalier leur avait donné son *destrier d'Espagne;* une charte nous apprend que l'abbaye fit présent à Robert de Dully d'un superbe *palefroi. Palefredum tanto viro dignum.*

A côté de ces établissemens équestres, les Normands avaient des institutions propres à développer et à faire connaître le mérite des chevaux. La chasse à cheval, image de la guerre, était un des grands plaisirs de ces temps belliqueux. Les Normands s'y adonnaient avec passion; ils y conviaient les princes et les seigneurs des contrées voisines. Dès le temps de Guillaume-Longue-Epée, les seigneurs français venaient en Normandie jouir des fêtes militaires et des chasses de la cour.

Guillaume de Poitiers, Hugues-le-Grand, et Hébert de Vermandois y vinrent vers 935. On lit dans Wace :

Hue ert dus de Paris, mult out grant seignorie
Hébert fu de France prince de chevalerie;

Mult èrent gentiz homs et de grand manaïe
Et duc Guillaume vindrent au dui par estoutie
Por joie et por desduit et por veir cachier.

Nous avons vu que les courses étaient d'origine celtique. Les Normands les adoptèrent et les perfectionnèrent. Dès avant la conquête, ils avaient des courses de bagues et ils exerçaient leurs chevaux à travers la campagne, comme le font encore les Anglais de nos jours, dans les chasses au clocher.

Une charte de 1238 nous fournit un précieux renseignement sur ces anciennes institutions : c'est la concession d'une lande accordée par le seigneur aux habitans de la paroisse de la Mauffe, près Saint-Lô, *pour y exercer leurs chevaux et courir la bague.*

Depuis quelques années, un hippodrome est établi dans cette même lande, et les descendans de ceux qui s'y illustraient autrefois viennent encore y disputer de paisibles et honorables lauriers.

Voici un fragment du *fabliau du jongleur d'Ely*, qui renferme plusieurs détails intéressans sur la conformation, les allures et la nourriture du cheval au douzième siècle.

Le roi interroge le jongleur, qui lui répond par des jeux de mots :

Encore plus te demandroy,
Vendras-tu ton roncin à moi ? —
Sire, plus volonters que je le dorroy. —
Et pour combien le vendras-tu ? —
Pour tant comme il sera vendu. —
Et pour combien me le vendras ? —
Pour tant come tu me dorras. —

Et pour combien le averay ? —
Pour tant come je recevray. —
Est-il jeune ? — Oïl assez,
Il n'eut uncques la barbe reez. —
Voit-il bien ? dis, par amour. —
Oïl, mais pis de nuit que de jour. —
Mauge-t-il bien, ce savez dire ? —
Oïl et froment : mon bel doux sire,
Il mangerait plus en un jour d'avaine
Que vous ne frey pas tote la semaine. —
Beit-il bien ? — Si Dieu vous gard
Oïl, sire, par saint Léonard :
A une fois plus d'eau boira
Que vous tant come la semaine durra. —
Court-il bien et isnelement ? —
Ce demandez tot pour nient
Je ne sais tant peindre en la rywe
Que sa teste ne soit devant la cowe. —
Amy, dis-moi, set-il bien trere ? —
Ne vous mentirez, a quei fere ?
D'arbalestre ne d'arc il ne set rien
Uncques ne le vit trere, puisqu'il fut mien. —
Passe-t-il bien le pas ? —
Oïl il n'est mis gas
Vous ne troverez sur la route
Buef ne vache qu'il redoute. —
Emble-t-il bien ? dis ton avis.
Ja de larcin ne fut repris ;
Tant com ovec moi a esté,
Ne fut mes de larcin prové. —
Amys, si Dieu vous expleit,
Je demande s'il porte dreit. —
Fet le jogler, si Dieus me eyt,
Qui en son lit couché sereit,
Bien plus sue avereit repos,
Que s'il fust monté sur son dos. —
Teles paroles sunt molt vains,
Or me dites se il est sainz. —
Saints, il n'est pas, ce sachez bien,
Car s'il fust saints, ne fust pas mien,

Les noirs moines l'auraient tolleit
Pour mettre en sacre, il en sereit
Ainsi come autres saints corps sunt
Partot le universe mount,
Pour grâce avoir, penance fere,
A tote la gent de la terre. —
Sainte Marie, fit le roy,
Coment paroles tu à moy?
Je dis sains de gale et soreux. —
Répond le jogler al roy :
Il ne se plaint unques à moy
De maux qu'il peut avoir en soy
Ne a autre myr par ma foy. —
Bel ami, a-t-il de bons pieds? —
Uneques n'en mangay, ce sachez,
Pur ce ne sais-je si bons sunt?
Ainsi le jongleur lui respount. —
Entendez donc mieux, Dam ribaut,
Sont-ils durs, si Dieu vous saut? —
Durs sont il verroiment
Come je quide à mon escient :
Il use plus de fers un mois
Que je n'en fisse mettre en trois, —
Dites s'il a la langue bone? —
Entre ceci et Lyon sur Rhône
N'a nule meilleur come je quit,
Car, uncques mensonge ne dit,
Ne sinon bien de son voisin,
Ne direit pour cent marcs d'or fin :
S'il voyait apertement fere
Mauvesté de quelqne manière
Ou de larcin par le païs,
Ou homicide qui valt pis,
Sire Roi, croire le devez,
Par lui ne serez
Respond le roi : etc...

CHAPITRE IX

Bas-Empire. — Les peuples d'Orient. — Mahomet. — Les Arabes. —
Le cheval normand et le cheval arabe.

A l'époque de l'empereur Constantin, les jeux équestres et les habitudes cavalières des Romains étaient
à leur apogée. Tous les chevaux de la terre étaient
venus s'atteler à leurs chars, ou fouler le sable de
leurs cirques, sous la main des plus habiles cavaliers.
Les écuyers de tous les pays du monde, depuis le Numide jusqu'au Germain, depuis le Grec jusqu'à l'Arabe,
avaient paradé dans leurs cérémonies, dans leurs fêtes
et dans leurs triomphes. Aussi, les premiers monumens
que l'art romain consacra dans le nouvel empire d'Orient
furent-ils des cirques et des hippodromes. Le *Circus
maximus* ou l'Hippodrome, commencé par Sévère, fut
achevé par Constantin. Il tenait tout à la fois du cirque

romain, par les proportions, et du stade d'Olympie, par
les ornemens et les monumens qui le décoraient. Sa magnificence était extrême, ainsi qu'on peut en juger par
les débris qui en restent encore aujourd'hui.

L'emplacement a cinq cents mètres de long sur cent
vingt de large ; on y voit cinq colonnes, au milieu des-
quelles est l'obélisque de Thèbes. Les Turcs lui ont conservé son nom historique ; ils l'appellent : *at—méidan*,
lieu de la course des chevaux.

Jamais nation ancienne ou moderne n'eut autant de
goût pour les courses de chevaux et les spectacles équestres ; mais ce qu'on y cherchait, c'était, avant tout, la
pompe, le bruit, le mouvement, non le glorieux et l'utile.
Au lieu d'élever eux-mêmes des coursiers, d'améliorer
les races équestres de leur pays, ils se contentaient d'a-
cheter chèrement aux autres peuples les plus beaux produits des races étrangères. C'est un signe constant de la
décrépitude d'un peuple que cet appel à l'étranger, pour
se procurer à prix d'or le noble coursier qu'une nation
ne doit jamais complétement utiliser qu'à la condition de
le faire naître et de l'élever elle-même.

Des envoyés de l'empereur parcouraient sans cesse
les meilleurs pays de production hippique, pour y chercher et y recueillir les chevaux les plus distingués par
leur origine, leurs qualités et leur conformation. Les
contrées où ils trouvaient à remplir le plus heureusement
leur mission étaient, en général, la Capadoce, la Phry-
gie et l'Espagne. Deux races ou variétés particulières de
coursiers étaient surtout en si grande estime, du temps
de Constantin, qu'elles étaient monopolisées par la cour
impériale, et qu'on ne pouvait les obtenir du *grec domi-*

nicus, ou haras du prince, que par une permission toute spéciale. C'étaient les races *palmaciennes* et *hermogé-niennes*. La première était ainsi appelée du nom de Palmatius, célèbre éleveur de Cappadoce, dont les talens hippiques ont immortalisé la mémoire. Les meilleurs coureurs provenaient, dit-on, du croisement de ces chevaux avec les jumens phrygiennes.

Déjà, les jeux du cirque, à Rome, avaient donné l'éveil aux sentimens d'une jalouse rivalité. Les couleurs portées par les conducteurs de chars patronnés par des citoyens, des grands, des empereurs, étaient devenues autant de drapeaux sous lesquels s'enrôlait une jeunesse voluptueuse et dissipée. Quatre couleurs étaient spécialement adoptées par les cochers du cirque : le blanc, le rouge, le bleu et le vert, emblèmes des saisons. Le blanc représentait l'hiver avec ses neiges; le rouge, les fleurs éclatantes du printemps; le bleu, les fruits de l'été; le vert, les pampres de l'automne. Chaque livrée avait ses chevaux, ses écuries, ses intérêts, ses partisans; ce qui lui fit donner le nom de faction. Dans les courses, quatre chars, appartenant chacun à une faction différente, couraient ensemble et disputaient le prix : chaque parti se passionnait pour sa couleur; les empereurs même se mêlaient à ces cabales, qu'ils souillaient trop souvent par de lâches et sanglantes cruautés. Caligula prenait fréquemment ses repas dans l'écurie de la faction verte, et Vitellius fit mourir des citoyens pour avoir mal parlé de la faction bleue. Mais ce fut surtout à Constantinople que les nobles rivalités de l'hippodrome se changèrent en querelles, en séditions, en massacres. Les victoires du cirque cessèrent d'être le but des plus nobles efforts, pour devenir le prétexte des plus déplorables excès. Quand un peuple est en train de dégénérer, tout, jusqu'à ses plus glorieux instincts, se ressent de sa corruption. Les factions, d'abord au nombre de quatre, comme nous venons de le dire, se réunirent en deux partis, celui des bleus, *veneti*, et celui des verts, *phrasini*. Cette diminution du nombre des factions accrut l'activité et la force de leur rivalité. Il n'y eut bientôt plus de jalousies privées et de haines politiques, qui ne se couvrissent, pour se satisfaire, des deux couleurs opposées des combattans de l'hippodrome.

L'an 445, les factions se livrèrent, dans le cirque même, à des luttes acharnées et cruelles, dans lesquelles il périt un grand nombre de spectateurs et d'acteurs. Elles allèrent jusqu'à prendre les proportions d'une sédition qui faillit coûter à *Justinien* la couronne et la vie. La ville fut inondée de sang ; l'incendie mêla ses ravages à ceux du glaive ; la guerre civile, avec toutes ses horreurs, ses duels de frère à frère, de père à fils, ébranla jusqu'en ses fondemens le naissant empire d'Orient. On vit même la paix des ménages troublée par des intérêts frivoles mis en jeu ; car, si, d'après les coutumes grecques, les femmes n'avaient pas le droit de paraître dans les spectacles du cirque, elles n'en favorisaient pas moins de leur influence les factions qui s'y agitaient. L'empereur Justinien s'était prononcé pour la faction bleue ; l'impératrice Théodora s'était déclarée pour la faction verte. Il ne fallut rien moins que l'épée de Bélisaire pour rompre la trame de ces conspirations ourdies avec des rubans, et se compliquant de meurtres et de brigandages de toute sorte. Les jeux du cirque furent interdits pendant quinze années. Ils furent rétablis ensuite et continuèrent, pendant la durée de l'empire d'Orient, à influer puissamment sur ses destinées. Les auteurs bizantins, en racontant l'avènement d'un nouvel empereur, ont toujours soin de constater pour quelle faction du cirque il s'était déclaré. C'était souvent au cirque même que se proclamaient les règnes plus ou moins éphémères qui marquent les fastes de cet empire de Constantinople. Le peuple assistait aux courses de chevaux, quand Justinien se présenta devant lui, la couronne au front, et, dans les troubles qui survinrent, ce fut encore au cirque que les factions portèrent, assis sur un bouclier, cet Anastase dont elles prétendaient faire un empereur. Après la fuite de Maurice, la faction bleue sortit de la ville pour aller saluer empereur le centenier Phocas. Lors de l'usurpation de Léonce, ce nouveau tyran fut proclamé au cirque, par les factions, qui delà se portèrent au palais où Justinien II fut déposé. On voit encore qu'après le massacre de Papias, son corps fut porté au cirque, et présenté à la foule assemblée. En un mot, fallait-il déposer ou élire un empereur, fêter un général victorieux, humilier des vaincus, combattre ou favoriser les hérésies, célébrer des triomphes, tout cela se faisait au cirque, pendant les jeux du cirque, en profitant de l'occasion des jeux du cirque.

Du reste, ceux qui remportaient les prix disputés dans ces jeux, avaient l'insigne honneur de s'asseoir, comme les sénateurs, à la table du souverain.

Tant une nation déshabituée de la gloire se rejetait avec ardeur vers le simulacre d'anciens triomphes ! Il lui semblait qu'elle pouvait encore remporter quelques sérieuses et nobles victoires de Salamines, si ses acclama-

tions excitaient toujours d'ardens rivaux à doubler une
borne olympique, avec de généreux coursiers.

Quant aux discussions et aux luttes qui s'engageaient
à Constantinople, sous les couleurs des factions, le goût
du cirque et des spectacles équestres n'y était, bien entendu, pour rien. L'homme méchant ou insensé prend
prétexte de tout pour assouvir de mauvaises ou de folles
passions. N'avons-nous pas vu aussi un coin de l'Europe
en feu, parce que les roses blanches de Windsor et les
roses rouges de Lancastre ne pouvaient pas être de la
même couleur.

Après avoir admiré les honneurs dont on entourait les
écuyers et les conducteurs de chars, on ne peut plus s'é-
tonner de les trouver ornés de la pourpre impériale et
investis du pouvoir suprême. Basile, issu de bas lignage,
au pays de Macédoine, beau de corps et de visage, adroit
et brave, expert surtout en équitation, faisait office de
maître d'écurie à la cour du César Théophilizes. Or,
l'empereur avait un cheval aussi beau que vigoureux,
mais farouche et indomptable; nul cavalier ne pouvait
monter ce coursier terrible sans être aussitôt renversé.
Ce que voyant, cet empereur disait et répétait avec tristesse : « Je n'ai donc pas un bon écuyer dans mon empire ! » Un jour enfin, Théophilizes s'avise d'appeler Basile et de lui proposer de dompter l'indomptable cheval.
Basile accepte hardiment la proposition. Il s'approche du
sauvage coursier, le flatte de la main, le caresse, lui
parle doucement; puis, s'enlevant peu à peu, il le monte.
Une fois bien en selle, il lui lâche légèrement la bride, le
fouette sans relâche, le laisse courir à volonté pour
amortir sa fougue, et le ramène triomphalement devant

le monarque émerveillé. Basile devint bientôt grand écuyer d'abord et ensuite empereur des Romains. On peut remarquer que ce fut peut-être le meilleur et le plus grand des souverains bizantins.

Plusieurs auteurs rapportent que l'usage des tournois s'établit à Constantinople vers la fin du onzième siècle, à l'imitation de ceux de France. Cependant, il faut remarquer que, dès l'époque de Théophile, vers 850, les tournois faisaient partie des jeux du cirque. Voici une anecdote qui ne laisse aucun doute sur ce point. (Nous traiterons d'ailleurs plus amplement cette question à l'article de la chevalerie.)

On lit dans Zonare : « L'empereur Théophile ayant » fait plusieurs prisonniers sur les Sarrasins, il s'en » trouva un renommé par son habileté dans les armes et » l'équitation ; il combattait dans la mêlée armé de deux » lances. L'empereur le fit comparaître dans les jeux du » cirque et le combla d'honneurs et de présens. Cependant il fut vaincu par l'eunuque *Crétéré*, qui le renversa de sa lance. »

L'empire bizantin subsista mille ans environ. Pendant cette longue période de temps, on ne voit pas que la race équestre ait joué d'autre rôle que celui de parader, sans fruit pour la patrie, dans des fêtes qui n'avaient d'autre but et d'autre résultat que la satisfaction d'une vaine curiosité. C'est à peine si ces solennités brillantes firent faire quelques progrès à la science de l'équitation ou à l'art du harnachement des chevaux. Et pourtant, depuis le premier jusqu'au dernier Constantin, que de peuples divers ont foulé ce sol trop envié, qui, comme l'ombrage de Mancenilier, semble destiné à endormir, dans une mortelle indolence, quiconque prétend l'atteindre et en jouir. Le cheval n'aime que les peuples forts ; il est heureux et fier de l'énergie de son maître ; il grandit avec lui ; mais il s'énerve et s'étiole chez les peuples dégradés et paresseux.

Constantinople eut à subir toutes les dévastations, tous les déchiremens, toutes les divisions, toutes les conquêtes. Les Goths, les Huns, les Perses, les Arabes, les Bulgares, les Turcs, vinrent tour à tour camper sous ses murailles. Les Francs eux-mêmes donnèrent des lois à cette ville qui s'intitulait la capitale du monde, et qui souvent ne posséda en propre que le territoire compris dans l'enceinte de ses murs.

Enfin sonna le dernier jour de cette orgueilleuse cité. Mahomet II y entra, en passant sur le corps de Constantin Draconès. Sainte-Sophie devint une mosquée, et l'hippodrome fut remplacé par l'At-méïdan. Mais notre sujet nous ramènera plus tard à l'histoire de la moderne Stamboul. Revenons, en attendant, au cheval arabe, que nous avons laissé paissant près des tentes de Job.

C'est au centre de l'Asie, dans la zone torride, trône du soleil, que s'épanouissent les fleurs les plus brillantes, que s'exhalent les parfums les plus odorans, que mûrissent les fruits les plus savoureux, que naissent les chevaux les plus parfaits. Concitoyen du musc de Koten, de la perle d'Omus, de l'or et des diamans de Golconde, des brillantes couleurs qui scintillent sur les soieries et les laines orientales, des douces toisons des chèvres d'Angora, des aigrettes flottantes de l'autruche et de l'éclatant plumage du paon de Java, le cheval arabe est au milieu de ces merveilles la plus précieuse et la plus célèbre de toutes.

Le cheval était un besoin pour l'Arabe. Né sur un sol ingrat, sous un soleil brûlant, il prit de bonne heure le goût des migrations et des conquêtes. Le cheval et le chameau devinrent ses compagnons, ses richesses et sa gloire. Avec l'un, il traversait le désert qui conduit de l'Inde à l'Ethiopie et rattache le golfe Persique à la Méditerranée ; avec l'autre, il subjugua les peuples répandus depuis les bords du Nil jusqu'aux vallées de l'Atlas, depuis les rives de l'Euphrate jusqu'à celles de l'Eurotas. De là, il menaça le monde entier.

Nous savons peu de choses du cheval arabe, pendant les siècles qui s'écoulèrent depuis l'époque de Job jusqu'à Mahomet. Pendant ce long intervalle de siècles, l'histoire du noble animal ne consiste que dans ce que nous en avons dit en l'étudiant chez les peuples syriaques et les peuples orientaux. Quant aux Arabes, les uns conservaient, suivant d'antiques traditions, le souvenir des haras fameux de Salomon, auxquels ils faisaient remonter l'origine de leurs races de chevaux les plus illustres ; d'autres donnaient pour père commun à ces nobles races un superbe cheval appelé *Mesroor*, fameux dans les légendes nationales et appartenant à un ancien chef de tribus.

On ne s'étonnera pas de voir, dans la patrie du cheval, les légendes consacrer ainsi les hauts faits et l'importance du coursier. L'histoire du cheval Dahis est des plus curieuses. Ce poétique héros, plus fameux encore que la belle Hélène, fut, pendant quarante ans, la cause de guerres que se livrèrent les tribus d'Abs et de Dhobyan. Kirwasch, Arabe de la tribu d'Iarbou, avait une belle cavale, nommée Djalwa. De son côté, Hant, Arabe de la

même tribu, avait un magnifique étalon, appelé D'hou'-
lokkat. Un jour que les jeunes filles de Hant conduisaient
ce cheval au pâturage, la cavale Djalwa vint à passer ;
D'hou'lokkat s'échappa des mains des jeunes filles et
courut auprès de la belle cavale, qui, à quelque temps de
là, mit bas un charmant poulain, que Kirwasch nomma
Dahis. Dahis devint avec le temps le plus beau cheval et
le meilleur de la contrée. Il faisait tout l'orgueil de son
maître, lorsque Kaïs, chef des Absides, vint faire une ir-
ruption dans le camp des Benou-Jarbon et enleva les deux
filles de Kirwasch, ainsi qu'une centaine de chameaux.
Les guerriers étaient absens ; mais il restait encore au
camp deux jeunes garçons chargés de la garde de Dahis,
aux pieds duquel étaient des entraves de fer. Surpris par
l'attaque imprévue du chef des Absides, ces deux enfans
n'avaient eu que le temps de sauter sur le dos du cheval,
sans lui ôter les entraves, et Dahis, malgré cet obstacle,
tournait autour du camp avec une rapidité telle que les
cavaliers envoyés à sa poursuite, ne pouvaient l'atteindre. Cependant, les jeunes captives rappelèrent aux enfans que la clef des entraves se trouvait dans sa man-
geoire. Alors, poussant Dahis de ce côté, ils le délivrèrent de ses chaines, avant d'avoir été atteints par l'ennemi. C'est alors que, certains d'échapper à toute poursuite, ils ne craignirent pas de se rapprocher de Kaïs,
qui, émerveillé de la vitesse de ce généreux coursier, consentit à laisser les jeunes filles et les chameaux pour avoir
le seul Dahis, avec lequel il retourna dans sa tribu.

Mais si Kaïs fit avec joie cet échange, on dit qu'il n'en
fut pas de même de Kirwasch, qui, à son retour, eut
beaucoup de péine à consentir à un arangement qui lui

rendait ses filles et sa fortune et le privait de son bon cheval. Voici maintenant le récit de la guerre dont ce cheval devint l'objet et la cause.

Kaïs possédait depuis quelque temps Dahis, lorsqu'il fut engagé, à son insu, dans un défi contre Hod-Haïfah, chef des Benou-Dhobyan. Il s'agissait d'une course entre les chevaux de Kaïs et ceux de Hod-Haïfah, pour une distance de cinquante portées de flèche. Le prix de cette course consistait en quatre chameaux. Kaïs regretta que cet engagement eût été pris en son nom : — « Les défis ont rarement une heureuse issue, » disait le sage Arabe. — Il proposa même d'annuler le pari; mais son rival ne voulut pas y consentir. — Eh bien! dit-il, que les conditions d'une telle gageure soient dignes de nous : la distance sera doublée, et ce seront vingt chameaux qui seront le prix du vainqueur. La proposition acceptée, on marqua la distance entre Waridat et Dhat-el-Issad, ou territoire des Benou-Dhobyan. Le parcourt était coupé par un ravin, à l'extrémité duquel on avait creusé un bassin, où le cheval arrivé le premier devait boire et par là être déclaré vainqueur. Chaque chef devait choisir deux chevaux pour cette lutte. Dahis fut celui qui fut désigné tout d'abord par son maître pour soutenir, dans le double duel équestre, l'honneur des Absides. Le second de ce redoutable champion fut la jument nommée Ghabra. On convint d'un délai de quarante jours pour *entraîner* les coursiers; car c'est aux Arabes que l'Angleterre a emprunté un usage sans lequel il n'est pas possible d'accoutumer un cheval à de rudes travaux. Le quarantième jour arrivé, on se rendit sur le terrain et le signal fut donné. Au départ, les chevaux de Hod-Haïfah

avaient les devans. Déjà, il criait à Kaïs : « Eh bien !
» Kaïs, tu es vaincu : ce ne sont pas des chevaux de
» course que les tiens. — Patience, répondit celui-ci, la
» vitesse des chevaux dans la force de l'âge va toujours
» croissant ; et du sol ferme, ils vont passer sur un sol
» mouvant. » Ces paroles, qui sont devenues proverbiales
chez les Arabes, furent à l'instant justifiées : les chevaux
quittèrent un terrain solide pour entrer dans une plaine
de sable. Alors la vigueur des coursiers de Kaïs l'emporte
sur la fougue de ceux de Hod-Haïfah, qui étaient plus
jeunes et qui ne tardèrent pas à être dépassés. Mais une
odieuse trahison avait été préparée par les Benou-Dhobyan : des hommes cachés dans le ravin s'élancèrent sur
Dahis, lui barrèrent le passage et ne le lâchèrent que
lorsqu'il eut été dépassé par ses rivaux. Cependant, tel
était la vitesse de ce généreux coursier, qu'il ne tarda pas
à regagner la distance qu'il avait perdue. Déjà, il dépas-
sait de nouveau ses concurrens ; déjà, il atteignait le bord
du bassin, quand d'autres Arabes, qui s'y trouvaient
aussi postés, le retinrent pour ne lui rendre la liberté
qu'après que le premier cheval d'Hod-Haïfah eut bu à la
coupe désignée du vainqueur.

A cette infâme supercherie, Kaïs et les siens furent
transportés d'indignation : ils se plaignirent amèrement ;
mais toute réparation leur fut refusée. Que faire cependant? ils étaient en petit nombre, et la course avait eu
lieu sur le territoire de leurs rivaux. Ils furent forcés de
dévorer leur outrage et s'en retournèrent la rage au cœur.
Bientôt la vengeance suivit. Kaïs surprit Aouf, frère de
Hod-Haïfah, le tua et s'empara de ses chameaux. Alors
s'ouvrit une série de représailles, d'assassinats, de meur-

tres, de pillages, qui menacèrent d'entraîner la ruine des
deux tribus. En vain, de courtes trêves vinrent de temps
en temps leur donner quelque repos. Pendant quarante
ans, la guerre la plus cruelle les divisa. Enfin, ce qu'un
cheval avait commencé, une jeune fille le termina. Les
légendes racontent d'une façon charmante comment la
belle Haniça, la plus jeune des filles du chef Hus, fils
d'Haretha, des Benou-Tay, mit fin à la guerre, en exigeant du vaillant Harith, son époux, la paix des deux tribus, pour prix de son amour.

Nous ne citerons pas, bien entendu, toutes les légendes dans lesquelles il est question du cheval, chez un
peuple ami du merveilleux, doué des plus poétiques instincts : à ses yeux, tout prenait la couleur et la forme
des plus brillantes images. Mais, si nous n'osons nous
permettre de parcourir ces délicieux poèmes qui précé-
dèrent l'Hégire, et qui nous peignent, dans de si gracieuses descriptions, les palmiers, les gazelles, les chameaux
et surtout les chevaux, nous ne pouvons résister au plaisir de rappeler ici le passage suivant d'un livre d'A-
maou'l-Kaïs, qui vivait près d'un siècle avant l'islamisme, et qui comprenait le cheval comme il est compris
dans Job et dans Virgile :

« Avant même que les oiseaux sortent de leurs nids,
» je saute sur un haut et agile coursier, dont le poil est
» court et luisant, qui devance les animaux les plus lé-
» gers et les arrête dans leur fuite. Plein de vigueur et
» de force, il se détourne, il fuit, il avance, il recule, en
» un instant, avec la rapidité du caillou que le torrent
» détache et précipite du haut d'un rocher ; son poil est
» rougeâtre et luisant, ses flancs minces et allongés, il brûle

» d'une noble impatience, et dans l'ardeur qui l'anime,
» sa voix entrecoupée imite le bruit de l'eau qui bout
» dans un vase d'airain. Tandis que les coursiers les plus
» généreux, réduits aux abois, impriment profondément
» dans la poussière les traces de leurs pas, celui-ci pré-
» cipite encore sa marche rapide. Le cavalier, jeune et
» léger, est infailliblement renversé par la violence de sa
» course, et il fait voltiger, au gré de ses mouvemens im-
» pétueux, les vêtemens du vieillard que l'âge a rendu
» plus pesant. Ses reins sont ceux d'une gazelle, ses jam-
» bes celles d'une autruche. Il trotte comme le loup et
» galope comme un jeune renard. Ses hanches sont
» larges et robustes. Lorsqu'on le regarde par derrière,
» sa queue touffue et qui traîne jusqu'à terre, remplit
» tout l'espace qui est entre ses jambes, sans incliner
» plus d'un côté que de l'autre. Quand il est debout près
» de ma tente, le poli éclatant de son dos est semblable
» à celui du marbre sur lequel on broie des parfums pour
» une jeune épouse, au jour de ses noces. »

De ce passage d'Amaou'l-Kaïs, il est indispensable de
rapprocher ce fragment du poëte Lébié :

« ..... Je guide mon cheval vers la plaine : il marche
» la tête levée, semblable à un palmier dont les branches
» portées sur une haute tige dérobent leurs fruits à l'avi-
» dité de celui qui voudrait les cueillir. Je hâte sa course
» et bientôt elle dépasse celle de l'autruche. La selle s'a-
» gite sur ses reins, l'eau coule sur son poitrail, les san-
» gles sont baignées de la sueur écumante dont il est
» couvert. C'est la rapidité de la colombe, qui, dévorée
» par la soif, fend l'air et précipite son vol vers le ruis-
» seau où elle va se désaltérer. »

Cependant une ère nouvelle va s'ouvrir pour le coursier du désert. Mahomet paraît ; la mission qu'il s'est donnée est toute guerrière ; il commence par monter sur la cavale de l'envoyé de Dieu, en lui promettant qu'elle aura part à son paradis, au jour du grand réveil.

« Une certaine nuit, je m'étais endormi entre les deux collines de *Safa* et de *Morva*. Cette nuit était très obscure, mais si tranquille qu'on n'entendait ni les chiens aboyer ni les coqs chanter. Tout à coup, l'ange Gabriel se présente devant moi. Il conduisait *El-Borak*, jument d'un gris argenté, dont la démarche est si vive qu'à chaque pas qu'elle fait, elle s'allonge autant que la meilleure vue peut s'étendre. Ses yeux brillaient comme des étoiles ; elle déploya ses deux grandes ailes d'aigle ; mais quand je passai la main sur cette jument, pour la monter, elle se mit à ruer et à regimber. Gabriel lui cria : « Tiens-» toi en repos ; holà, ô Borak ! n'as-tu pas de respect » pour Mahomet ? jamais personne plus honorée de » Dieu ne t'a montée. » — « Quoi donc, Gabriel, » lui dit Borak (car Dieu lui accorda le don de la parole), «Ibra-» him, l'ami de Dieu, ne m'a-t-il pas montée, lorsqu'il » alla rendre visite à son fils Ismaël ? » — Gabriel lui répondit : «Tiens-toi en repos, ô Borak ! c'est ici Mahomet, » le fils d'Abdalab ; sa religion est l'ortodoxe ; il est le » prince des enfans d'Adam, le premier entre tous les » prophètes et les apôtres. » Borak, entendant cela, parla ainsi : « O Gabriel ! je t'en conjure, par l'alliance » qui est entre toi et lui, car je n'ose pas m'adresser à » Mahomet lui-même, demande-lui donc pour moi que » je puisse avoir part à son intercession. » Aussitôt que je lui eus entendu faire cette humble prière, je pris moi-

même la parole, sans attendre que Gabriel m'en fît la demande, et je lui dis : « Eh bien donc, tiens-toi en repos, ô
» Borak ! tu auras part à mon intercession, et tu seras avec
» moi dans le paradis. » Lorsque je lui eus fait cette pro-
messe, elle s'approcha de moi pour me laisser monter, et
dès que j'eus sauté sur son dos, elle m'enleva en l'air à
perte de vue.

Sous les pas d'El-Borak, le sable se convertissait en
or et devenait propre à donner la vie. L'ange Gabriel avait
aussi un cheval, appelé Haïsoum.

Voici comment Mahomet fait naître le cheval : « Dieu
appela à lui le vent du sud, et lui dit : « Je veux tirer de
» toi un nouvel être. Condense-toi, dépose ta fluidité et
» revêts une forme visible ! » Ayant été obéi, il prit quelque peu de cet élément devenu palpable, souffla dessus
et le cheval fut produit. « Va, cours dans la plaine, dit
» alors le Créateur à l'animal, tu deviendras pour l'homme
» une source de bonheurs et de richesses ; la gloire de
» te monter ajoutera à l'éclat des travaux qui lui sont
» réservés. »

Les Arabes ont coutume de dire : « Le cheval est la
» plus belle créature après l'homme ; la plus noble occu-
» pation est de l'élever ; le plus délicieux amusement, de
» le monter, et la meilleure action, de le soigner. » Ils
ajoutent d'après le prophète : « Autant de grains d'orge
» donnés au cheval, autant d'indulgences gagnées. »

L'estime que les Arabes portaient au cheval se mon-
trait dans tous leurs écrits, dans toutes leurs légendes,
dans tous leurs préceptes religieux ; le monstre apoca-
lyptique du Coran nous en offre une preuve évidente.
« Lorsque l'arrêt de leur perte sera prononcé, nous fe-

» rons sortir de la terre un monstre qui criera : Les hom-
» mes n'ont pas cru l'islamisme ; le monstre aura cent
» coudées de long ; il courra d'une vitesse extraordi-
» naire : il aura des crins, des plumes et des ailes. Il
» aura la tête d'un taureau, les yeux d'un porc, les
» oreilles d'un éléphant, les cornes d'un cerf, le cou
» d'une autruche, la poitrine d'un lion, la couleur d'un
» ours, le milieu du corps d'un chat, la queue d'un bé-
» lier et le pied d'un chameau ; il sortira de la grande
» mosquée de la Mecque ; il épouvantera la terre de sa
» voix. »

Aucune partie du corps du cheval n'est employée,
comme on le voit, à la formation du monstre : cet animal
est regardé comme trop noble pour entrer dans un tel
assemblage.

Kederli, saint turc, est en grande vénération chez les
croyans. C'était un admirable cavalier ; son cheval est
placé dans le paradis de Mahomet, avec l'âne de Ba-
laam, le chameau du prophète et le chien des sept
Dormans.

Nous avons dit qu'à l'époque de Mahomet, la race la
plus estimée était celle qui descendait des haras de Salomon. C'est de cette race que provenaient aussi les jumens favorites du prophète, qui, à leur tour, ont été re-
gardées, chez les Arabes modernes, comme la souche de
leurs principales races. Voici l'histoire de ces jumens
fameuses.

La première bataille que livra le prophète ne donne
pas une grande idée de sa cavalerie : il n'avait en tout
que trois cent treize soldats et soixante chameaux ; plus,
trois chevaux seulement, dont l'histoire a conservé les

noms et qui étaient : Baredjé, appartenant à Micdad, fils
d'Amrou ; Yacoun, dont le maître fut Zobeir, fils d'Aw-
wam, et Seïl, jument que montait Marthad, fils d'Abou
Marthad. On conduisait ces trois coursiers à la main, afin
de réserver leurs forces pour le moment du combat.

Mais bientôt on vit le prophète sortir des portes de Mé-
dine, à la tête de vingt mille hommes d'infanterie et de
dix mille chevaux. Il avait compris que c'était dans le
cheval que résidait la force de l'empire d'Arabie, et senti
le besoin de se former une cavalerie puissante. C'est ainsi
qu'après chaque victoire, il donnait un lot à chaque
homme et deux lots à chaque cheval ; de sorte que chaque
cavalier avait trois parts du butin : une pour lui et deux
pour son cheval. Mais ce n'était pas tout : l'histoire de
Mahomet nous fournit encore, dans le fait suivant, l'objet
d'une plus importante remarque : Mahomet, chaque fois
qu'il avait à partager les dépouilles de ses ennemis vaincus, ne manquait jamais de faire une très notable distinction entre ceux de ses cavaliers qui étaient montés
sur des chevaux de *pur sang*, c'est-à-dire provenant des
races dont la généalogie était suivie dans les familles du
désert, depuis un temps immémorial, et ceux qui n'a-
vaient pour monture que des chevaux de race commune
ou mélangée.

« De vraies richesses, disait le prophète, sont une no-
» ble et courageuse race de chevaux. »

Après la journée de Monta, il eut à envoyer à la Mecque porter la nouvelle du triomphe. Il fit partir quatre-
vingt-quinze jumens ; cinq seulement arrivèrent en four-
nissant la carrière sans s'arrêter. Mahomet les attacha
spécialement à son service, et leur fit rendre les plus

grands honneurs. Cette circonstance est attestée par la tradition et par tous les historiens arabes. On ne varie que sur les noms de ces généreuses cavales : les uns les nomment : Taneïffé, Manekeié, Koheil, Saklaonié et Djalfé; d'autres, Nab-D'ha, Nôâma, Wadza, Isabhha et Ilhezma.

La renommée du cheval arabe se répandit rapidement dans tout l'univers. En racontant les guerres que les premiers Kalifes soutinrent contre les Romains, les auteurs célèbrent « leurs petits chevaux, si ardens, si prompts, » si légers et surtout si maniables. » Les Arabes, par un traité de paix conclu avec Constantin, s'obligent à payer à l'empereur un tribut annuel de 3,000 écus, huit esclaves et *huit chevaux de leurs meilleures races*. Ceci vient encore à l'appui de l'opinion, si accréditée d'ailleurs, que les Arabes avaient, dès l'époque à laquelle nous faisons allusion, des races particulières, dont ils soignaient attentivement la descendance. Du reste, il est à propos de remarquer ici que l'appellation de *cheval arabe*, dans le sens qu'on lui a donné au moyen âge jusqu'à nos jours, ne s'applique pas aux chevaux d'une contrée particulière, mais bien à une race spéciale répandue dans tout l'Orient, et dont on suivait avec soin la généalogie. Au moyen âge, l'islamisme répandit le cheval arabe dans toutes les contrées du monde. Les peuples arabes, les Maures, les Numides, devinrent bientôt sectateurs de Mahomet; la religion du prophète résumait leurs mœurs, flattait leurs instincts et leurs passions. Quatre-vingts ans après la mort du Messie conquérant, son empire s'étendait depuis l'Egypte jusqu'aux Indes, depuis Lisbonne jusqu'à Samarkand. Sans cette émigration d'Occident qui, à la voix de Pierre l'Hermite, inonda l'Orient ; sans les croisades des chevaliers français et normands, la terre entière subissait le joug du Croissant. Valeureux, savans, humains, brillans, pleins de grâce et de poésie, montés sur des chevaux aux yeux de feu et au cœur de bronze, les nouveaux croyans parcoururent en vainqueurs l'Asie, l'Afrique et une partie de l'Europe. Les monumens qu'ils ont laissés, les ruines qu'ils ont faites, attestent leurs grandeurs passées. Ce fut non seulement par eux-mêmes, mais encore par les peuples qui les combattirent, que la race de leurs chevaux s'immortalisa. Les Romains d'abord, les Francs ensuite, apprirent bientôt à connaître et à utiliser le sang précieux de ces coursiers, que l'on apprécia surtout comme régénérateurs des races d'Occident ; car, par lui-même, le cheval oriental, ainsi que la science l'a démontré de nos jours, a moins de résistance et de durée que le cheval d'Occident. L'historien Zonare nous en donne la preuve dans un passage remarquable : « Si l'armée des Romains, dit-il, les eût chassés encore » plus loin (les Arabes), elle eût remporté une victoire » grande et mémorable ; car les chevaux des Arabes sont » merveilleusement vifs et légers au départ ; mais ils se » fatiguent facilement et n'ont pas la durée des che- » vaux du Nord. » Zonare était un historien du douzième siècle ; il écrivait à Constantinople ; il voyait lui-même, chaque jour, les races les plus belles et les plus précieuses de l'Orient, et son opinion mérite toute considération.

Les Croisés ramenèrent d'Orient une immense quantité de chevaux. Les haras d'Angleterre, d'Allemagne, de France, d'Italie, se peuplèrent de ces types précieux auxquels on reporte, peut-être d'ailleurs un peu trop généralement, l'origine de nos bonnes races occidentales. Les coursiers d'Orient apportèrent, sans doute, dans nos contrées hippiques, de grands changemens et de notables améliorations ; mais le climat, la nourriture, les soins, eurent ici leur bonne part d'influence utile. Les Croisés qui amenèrent des chevaux orientaux dans les marais de la Flandre, améliorèrent sans doute leurs haras ; mais les produits de leurs croisemens n'en restèrent pas moins lourds et lymphatiques ; ceux qui introduisirent l'espèce arabe dans les champs pierreux du Limousin ne firent qu'ajouter à l'énergie, à la grâce et à la vigueur que le cheval indigène tenait déjà naturellement du sol et du climat.

Il paraît que les premiers Arabes montaient leurs chevaux nus, à la manière des Numides. Ils n'adoptèrent l'usage de la selle que par suite de leurs rapports avec les Romains et les Francs. Au milieu de ces ornemens superflus qui forment aujourd'hui l'équipement du cheval arabe, on reconnaît, effectivement à la première vue, la forme générale du harnais des anciens chevaliers.

Nous venons de voir que les coursiers arabes avaient pour eux la vitesse et l'énergie, mais non la vigueur et le fonds des destriers francs, dont la race croisée avec des chevaux orientaux, et soignée avec vigilance et sollicitude, réunissait toutes les qualités possibles. Les récits des auteurs byzantins ne laissent aucun doute à cet égard. On a cherché dans la ballade suivante à faire apprécier les divers caractères du cheval arabe du moyen âge et du coursier franck de la même époque.

LE CHEVAL NORMAND ET LE CHEVAL ARABE

« Ecoutez, vous tous qui vous plaisez aux récits de guerre et d'amour, aux rêves de poésie et aux mystères des fabliaux qui se chantent le soir autour du foyer, quand le feu pétille et que le vent gémit dans les vieux chênes. Voici un lai qui n'a été composé ni par l'Angevin, amateur des légendes, ni par le Breton, poète aux chants religieux, ni par le troubadour provençal à la harpe d'or, mais par un fils de la terre normande, où l'on aime les vaisseaux qui bondissent sur les mers et les chevaux qui bondissent sur la poussière, ces deux emblèmes de la vitesse et de la vie.

» — Que voyez-vous sur la colline de Montfiquet ? — Je vois un vieux chevalier à barbe blanche, et autour de lui *trois* fils, comme trois branches sur un vieux tronc, et auprès de lui *trois* filles, comme trois roses sur un rosier ; son nom est Raoul, et ses fils s'appellent Onfroy, Roger et Guillaume !

» — Que voyez-vous dans la plaine, où le vent courbe onduleusement une herbe grasse et noire, tendre comme la rosée des nuits ? — Je vois un jeune poulain qui saute et bondit, qui s'élance et s'arrête, qui écoute le bruit des vents et y répond par ses hennissemens. Sa robe est d'un gris fauve, ses formes sont majestueuses et nobles, et cependant on voit l'énergie et la vigueur percer dans le dessin de ses muscles et dans son œil de feu. Sa mère était, dit-on, de la race de Rinfax, cheval de la nuit, et son père était l'étalon castillan que montait Guillaume-le-Bastard à la journée d'Hasting.

» Il a trois ans et il n'a jamais été soumis au travail, mais il sait néanmoins que l'homme est son maître et son ami. Onfroy, le fils aîné du baron, vient chaque jour lui donner l'avoine dans sa main, chaque jour il lui jette autour du cou un ruban de laine et le conduit à la crèche, où l'attend le foin odorant des collines ; chaque jour il frotte lui-même son corps de torsades de paille ; chaque jour il l'accoutume au bruit des trompettes de guerre, aux accens du fer contre le fer, aux coups retentissans des haches d'armes et à la vue des enseignes et des pennons flottans.

» Souvent le jeune poulain reçoit encore un autre apprentissage plus gracieux et plus doux : les filles du baron et leurs jeunes compagnes l'accoutument à venir prendre dans leurs mains les tendres épis de l'orge en fleurs, à se laisser tresser par leurs jolis doigts les mèches de sa chevelure noire, à écouter au loin leurs voix comme un signal d'amour et de jeux. Mais de toutes ces folles beautés, celle qui a le plus tendre soin du jeune coursier, c'est Blanche, fille du baron de Litteau ; il la reconnaît au son de sa voix, au bruit de ses pas ; il la suit de l'œil au sentier des prairies, comme le berger l'étoile du matin.

» Cependant le tombeau du Christ était retombé aux mains des infidèles, le duc Robert appelait à lui tous ses fidèles Normands. Les fils de Rollon, les compatriotes de Tancrède et d'Osmond quittèrent les vallées herbues qu'arrose la Vire, et les campagnes fertiles où l'Orne roule ses eaux argentées.

» Onfroy, fils de Raoul, fut chargé de représenter son père et sa famille sous l'étendard de la croix : il parti pour l'Idumée et emmena son coursier chéri. — Bon voyage aux pieux pèlerins, aux nobles barons, aux fiers chevaliers. — Bon voyage aussi à leurs dignes compagnons, à leurs chevaux bardés, à leurs levriers jarretés, à leurs faucons chaperonnés. Puissent-ils tous revenir au toit paternel, au nid de leurs amours! Mais, hélas! plus d'un restera en pâture au vautour au front chauve, — les vautours sont les corbeaux de ce pays-là.

» — Sept ans un jour et je reviendrai, ma fiancée, avait dit Onfroy à la jeune Blanche. Aussi pleurait-elle, la jeune fille, pleurait-elle que c'était pitié à voir, — à voir ses fraîches couleurs fanées et ses yeux gonflés de larmes! Et quand ses compagnes lui demandaient le sujet de ses douleurs : — Je pleure, disait-elle, car le joli coursier qui venait manger des fleurs dans ma main est parti, et Dieu sait s'il reviendra.

» La Bithinie était tombée au pouvoir des Normands; ils s'apprêtaient à marcher vers Jérusalem la Sainte, dont Robert devait refuser la couronne. Lassés de combattre, une suspension d'armes avait été accordée des deux partis sans avoir été demandée par aucun. Pendant ce temps, le chrétien et l'infidèle fraternisèrent et se livrèrent aux mêmes fêtes. Spectacle magnifique, lutte de grandeur et de génie entre la molle civilisation d'Orient, qui jetait son dernier éclat, et la rude civilisation du Nord, qui s'allumait aux feux du soleil.

» Mais parmi les fêtes et les jeux, les joutes et les carrousels, les courses de chevaux et les luttes guerrières étaient les plus doux passe-temps. Les Arabes estiment l'homme qui a soin de son cheval; voilà pourquoi ils avaient en si haute estime les Normands, qui tous entre les peuples francs se distinguaient par leurs beaux et vigoureux coursiers et par les soins dont ils les entouraient.

» Dans une de ces réunions, plusieurs jeunes Arabes s'approchèrent d'Onfroy, qui flattait de sa main l'encolure souple et nerveuse de son coursier, et l'un d'eux, fils du sultan de Bassorah, qui caracolait sur un magnifique cheval né dans les plaines de l'Irack, lui dit en riant : — Essayons l'un contre l'autre nos deux coursiers, pour donner à ces nobles seigneurs un spectacle digne d'eux : le cheval du vaincu sera le prix du vainqueur.

» Le sang monta au visage du Franc : il ne put penser sans frémir au danger de laisser son compagnon fidèle, celui qu'avaient nourri ses sœurs et sa fiancée, à la merci d'un fils de Mahomet ; cependant il ne pouvait refuser sans honte, car, d'après les lois de la chevalerie, tout défi était une chose sacrée, et ce qu'homme et cheval pouvaient faire, un chevalier le devait entreprendre. — Soit, dit-il, mais nous marquerons un espace de cinq cents portées de flèche ; ce n'est pas une course de noce que nous allons faire ; — dans mon pays, nous sommes souvent un jour entier à la poursuite du loup des montagnes.

» Douze chevaliers francs, parmi lesquels deux rois à couronnes fermées ; douze scheiks, parmi lesquels deux pachas à triples étendards, furent pris pour juges de la lutte. On décida que les concurrens partiraient de la porte orientale du camp, qu'ils suivraient la colline de Morpha et descendraient dans la plaine par le pont de Jacob, puis qu'ils se rendraient à la fontaine des Palmiers et reviendraient au camp par la même voie. Cet espace marquait les cinq cents portées de flèche ; jamais une course de vitesse n'avait été engagée pour une aussi longue distance.

» Au signal donné par le duc Robert lui-même, les deux rivaux sont partis comme la pierre qui sort de la fronde : l'Arabe est assis sur sa haute selle, ses larges étriers sillonnent les flancs meurtris de son coursier, les housses de soie, les flottantes aigrettes se mêlent à la longue crinière que le vent soulève et qui de loin ressemble à des ailes agitées. Le roi de la vitesse lève dans l'air sa queue rougie par le henné ; il bondit, il joue avec l'espace comme la gazelle qui va paître au matin l'herbe de l'oasis. Tantôt la tête haute, les naseaux au vent, les jambes de derrière ramenées sous lui, il lance dans l'air ses jambes de devant comme s'il ne voulait faire qu'un saut du départ à l'arrivée. Tantôt baissant la tête au niveau du sol, tournant à droite et à gauche sa robuste encolure, jetant çà et là un regard fauve, humectant le sable chaud de son haleine, il courbe en voûte son dos, et soulevant avec énergie ses jarrets, qui se détendent comme des ressorts d'acier, il montre au loin ses fers, qui semblent au milieu de la poussière deux croissans d'argent scintillant à l'horizon.

» Bientôt la course prend une allure fougueuse ; le feu sort de sa prunelle, le sang jaillit de ses lèvres, ses veines se dessinent en rougeâtres arabesques, tandis que la sueur jette un reflet bleu sur sa robe d'argent. Il semble voler dans la plaine, et il n'a pas encore accompli le quart de sa tâche qu'il a dépassé son rival, aux applaudissemens des croyans qui reconnaissent en lui le sang de Mesroor et des jumens de Salomon.

» Le Franc n'avait pas eu un si brillant départ ; le coursier normand était arrivé la tête basse : sa crinière était retenue par de gracieux rubans, et d'autres enveloppaient sa queue touffue ; ses pieds semblaient ne pas se détacher du sol, et à chaque temps il semblait, en tombant sur ses puissantes épaules, s'enfoncer dans le sable comme s'il voulait s'y creuser un lit. Nuls bonds, nuls sauts, nulle gaieté, nulle énergie dépensée en perte, tout à profit. Ce n'était plus ce destrier superbe, qui portait si vaillamment sa lourde armure et celle de son maître : c'était une machine mue par un mécanisme régulier, qui s'abaissait et se relevait tour à tour comme le balancier du jongleur ; ses pieds de derrière chassaient ceux de devant comme la main du tisserand chasse la navette sur la trame soyeuse des chèvres d'Angora.

» Le Franc, debout sur ses étriers, vêtu d'un sayon flottant, portait sur sa tête une légère toque de velours ; penchant légèrement son corps en avant, il soutenait d'une main ferme la tête de son coursier, dont le cou tendu s'allongeait sur l'arène comme la langue aiguë d'un serpent.

» Cependant l'Arabe aux pieds légers avait pris les devans, et depuis longtemps l'armée attentive l'avait perdu de vue que l'on voyait encore la haute taille du cavalier normand se découper sur le ciel bleu. Ils courent, les nobles coursiers, ils volent plus rapides que les vents, plus gracieux que les gazelles, plus ardens que les tigres, plus fiers que les lions de Bârca. L'aigle les suit des yeux comme il suit dans les airs la course des météores.

» A la fontaine des Palmiers, le premier qui y arriva ce

fut l'Arabe ; il arrêta son coursier, il descendit, il le flatta, il le baisa au front ; il prit de l'eau dans sa main et en rafraîchit ses naseaux brûlans. Il regarda à l'horizon et vit poindre la toque de velours du Normand ; il saute à cheval et repart à toute vitesse : le fils de Mesroor semble avoir des ailes.

» Onfroy arrive à son tour : il descend, il baigne en entier les naseaux de son cheval dans la fontaine : il essuie la sueur qui inonde son visage, il rajuste la housse légère qui a remplacé les harnais de guerre, et remontant bientôt à cheval, il s'écrie en voyant disparaître derrière la colline le brillant Numide : « A moi ! à moi le cheval de l'Arabe ! »

» Avez-vous vu dans l'air le faucon poursuivre la rapide hirondelle, le bec tendu, les ailes raidies et comme immobiles tant les ressorts qui les agitent sont tendus ? L'hirondelle fuit ; elle glisse dans l'azur comme ces étoiles mystérieuses qui naissent et meurent inconnues. Echappera-t-elle aux serres qui la menacent, gagnera-t-elle la première le toit d'où le ravisseur n'oserait approcher ? Nul ne le sait... Et la course continue toujours, ardente, échevelée ; l'une défend sa vie, l'autre cherche pâture : deux mobiles qui remuent les mondes.

» Telle était la course du cheval normand à la poursuite de l'Arabe, car ce n'était pas seulement la main, la voix, l'excitation du cavalier qui lui faisaient dévorer l'espace avec cette effrayante vitesse : c'était sa propre ardeur, sa propre ambition, son orgueil blessé ; lui jadis le premier du troupeau dans les jeux de l'enfance, il se voyait dépassé par cet audacieux et léger rival, qui franchissait devant lui collines et vallons ; aussi son cavalier avait-il moins à l'exciter qu'à retenir sa fougue ; ses élans étaient prodigieux : il glissait plutôt qu'il ne marchait, et de loin son corps ressemblait à une roue fantastique poussée par un génie, comme il s'en voyait jadis sur les médailles de la Gaule.

» Ce fut en sortant du ravin des Sept-Ramiers que l'Arabe aperçut avec effroi son redoutable adversaire venir se placer à ses côtés : il enfonça furieusement ses étriers aigus dans les flancs de son coursier : le noble animal y répondit par un élan prodigieux ; mais, de son côté, le cheval normand n'avait pas perdu de terrain et le suivait comme ces fantômes des nuits que le voyageur attardé voit se placer à ses côtés, soit qu'il retarde ou presse sa marche, l'ombre funeste est toujours là. Alors la crainte s'empara du cœur du Numide ; le camp ne se voyait pas encore ; il sentait à la respiration plus vive de son cheval, à son pas moins assuré, à cet instinct qui ne trompe aucun cavalier, qu'il était à bout de vitesse, tandis que la tête ramenée de son rival, l'assurance de sa marche, son galop ferme et sûr, témoignaient encore de son haleine et de sa vigueur.

» En vain l'infidèle essaya de tous les moyens : il parla à son cheval, il l'appela par son nom, il lui toucha les oreilles du bout de la baguette, il excita ses flancs par l'étrier et la bouche par le mors, il vit bientôt son rival le dépasser de plusieurs pas et arriver avant lui au but marqué par une lance, où flottaient les deux lions normands à côté du croissant du prophète.

» Des cris s'élevèrent dans le camp français, et les Syriens eux-mêmes applaudirent, car les hommes d'un grand cœur, les poètes et les braves se reconnaissent en cela, qu'ils aiment la gloire là où elle se trouve, même chez un ennemi. Un Arabe applaudit au brave cheval qui le bat, comme un guerrier applaudit au beau coup d'épée qui lui perce le sein.

» Selon la loi de la course, le cheval arabe devint la possession du croisé et fut donné pour compagnon à son noble vainqueur, qui, loin de s'enorgueillir de sa gloire, partagea volontiers avec lui l'orge et la paille, qui bien des fois leur fit faute à tous deux dans les diverses chances de cette terrible guerre.

» Enfin le duc Robert revint en France chercher des fers après avoir refusé une couronne. Onfroy revint avec lui et ramena ses deux chevaux, seule récompense de son dur exil. Ils débarquèrent à Barfleur, et furent longtemps à se remettre des fatigues du voyage.

» Blanche donna encore des fleurs à son cheval aimé ; elle tressa encore sa crinière de ses belles mains, non plus comme rieuse jeune fille, mais comme châtelaine vénérée, femme d'Onfroy, fils de Raoul, preux renommé aux faits de chevalerie. Le cheval arabe partagea les caresses de la dame de Montfiquet avec le cheval normand.

» Les deux coursiers bondirent ensemble dans les vertes prairies du Boccage ; ils poursuivirent longtemps ensemble le chevreuil et le sanglier dans les forêts de la vieille Neustrie, et tous deux pleins de gloire et de jours moururent sur la même litière à quelques instans l'un de l'autre. »

CHAPITRE X

Il est un mot qui retentit dans le cœur comme l'accent du fer contre le fer, comme la voix du bronze des batailles, un mot qui rappelle toutes les gloires, tous les honneurs, toutes les vertus, et dont l'éclat magique, après avoir éclairé l'univers pendant dix siècles, jette encore sur la société moderne un brillant et chaleureux reflet. Chevalerie, compagnonnage de la gloire, servage de la pitié envers le malheur, de la force au profit de la faiblesse, pacte de respect pour la beauté, union sainte et dévouée des hommes d'élite au milieu du heurt du monde, quelles que soient les souillures dont les terrestres passions ont taché votre bouclier, vous n'en fûtes pas moins la plus belle et la plus puissante institution politique que les hommes aient jamais organisée. Vous confondre avec les cabalistiques confréries de quelques brigands à châteaux qui avaient renié vos lois, c'est confondre le fleuve qui féconde ses rives avec le torrent qui les ravage. C'est vous qui fîtes sortir le monde de la barbarie civilisée et de la barbarie barbare. C'est vous qui fondâtes tous les royaumes de l'Europe moderne ; c'est vous qui proclamâtes l'égalité des droits, la résistance à l'oppression ; c'est vous qui inventâtes l'honneur, premier né de la civilisation moderne, sentiment inconnu aux peuples antiques, et qui, jusqu'à nos jours, est encore, en votre nom, salué sur la poitrine des braves.

Il appartenait au cheval d'être à la fois le symbole et l'instrument, le moyen unique, la condition nécessaire d'un si grand fait. Sans le cheval, la chevalerie n'existait pas. Parcourir des routes difficiles et rompues, porter de lourdes armes et de pesans harnais et surtout se transporter promptement d'un lieu dans un autre : tout cela n'était possible qu'avec le cheval. Aussi l'histoire de tous les âges héroïques nous montre-t-elle constamment le coursier comme un objet d'un prix inestimable ; aussi les légendes comme les poëmes d'Homère célèbrent-elles en même temps la valeur des hommes et celle des coursiers.

Toute l'attention, tout le soin des chevaliers se portaient d'abord sur l'élève et l'éducation du cheval. Les chartes des rois, des ducs, des suzerains renferment toutes des prévisions et des prescriptions obligatoires sur cette importante affaire.

« Je concède à tous les chevaliers qui défendent leurs

» terres par le casque et par l'épée, la possession sans
» redevances ni charges, de toutes les terres cultivées par
» leurs charrues seigneuriales, afin qu'ils se munissent
» d'armes et de *chevaux* pour notre service et la défense
» du royaume. »

Telle était la teneure ou l'esprit de toutes les chartes
de feudataires, tant en France qu'en Angleterre et en
Allemagne, pendant toute la durée du moyen âge. Aussi
cette époque peut-elle être appelée l'âge d'or de la race
équestre. Des soins minutieux, des croisemens intelligens, un dressage complet, donnaient vraiment alors au
cheval le droit de se nommer le noble compagnon de
l'homme. Soigné par les mains des pages et des écuyers,
caressé par les châtelaines, accoutumé à la vie de famille, il vivait dans les castels de la chevalerie comme
sous les tentes de l'Arabe.

Un cheval, une lance, une tour faisaient toute la richesse des Francs. Supprimez le cheval de la création et
vous serez forcé de supprimer huit siècles de l'histoire
du monde. Le cheval, pendant cette longue période de
temps, fut toute la vie de l'Europe. Un cavalier allait de
pair avec les souverains. La coutume romaine, ne per-
mettant l'usage du cheval qu'aux patriciens, avait passé
dans les Gaules françaises, et la possession d'un cheval constituait un droit précieux et sacré. Aussi, a-
t-on remarqué que les noms qui désignèrent les castes
nobles dans l'Europe moderne sont tous empruntés du
nom du cheval ou des fonctions qui lui étaient consacrées :

Chevalier, du français cheval ;

Ecuyer, du latin *equus* ;

Marquis, du celtique *marc'h*, ainsi que nous l'avons vu plus haut ;

Maréchal, du même mot ;

Margrave,   id. ;

Baron,   id.,   par le changement de la lettre *m* en *b* ;

Connétable, du latin *comes stabuli*, chef des écuries ;

Sénéchal, de l'ancien français *chal* (chevalier) et de *senex*, — *quasi senex eques* ;

Cavalcadour, de l'espagnol *cavallo* ;

Bachelier, bas-chevalier, qui n'est pas encore chevalier ;

Duc, *dux equitum* ;

Prince, du latin *princeps ;* premier nommé des chevaliers romains à la revue quintennale.

Le monde ancien n'avait pour ainsi dire connu qu'une seule espèce de chevaux, le cheval léger, dont le type était le cheval d'Orient : soit qu'il vînt de l'Egypte, de la Syrie, de l'Epire ou de l'Espagne, soit qu'il traînât les chars de guerre ou la charrue du laboureur, soit qu'il fût destiné aux courses et aux cérémonies publiques, l'histoire et les monumens nous le représentent toujours le même : c'est à peine si, dans la reproduction de formes constamment identiques, on retrouve la moindre indication des modifications résultant de l'influence variée des climats et de la nature des services ; mais du moment que les hommes du Nord vinrent jouer leur rôle dans le drame du monde, apparut une race de chevaux nouvelle que réclamaient les besoins d'une société nouvelle.

Quatre espèces différentes de chevaux furent surtout

en usage dans le moyen âge. Nous tâcherons de les faire bien exactement connaître. Le destrier était le cheval de bataille ; le palefroy, le cheval de parade ; le roussin, le cheval de service et de route ; le sommier, le cheval de bât, destiné au transport des fardeaux.

Le destrier, ainsi appelé parce qu'il était habituellement mené en laisse, à main droite, par les pages et les écuyers, était un coursier de haute taille, réunissant la force à l'énergie et à l'élégance ; on lui donnait aussi le nom d'*auferrant, cheval d'armes, grand cheval*. Ces chevaux n'étaient pas, comme quelques auteurs modernes l'ont prétendu, semblables à ceux qu'inventèrent pour leurs guerriers les peintres de l'école flamande. Ils n'étaient ni lourds, ni massifs, ni couverts de poil aux jambes ; ils n'avaient ni la tête grossière et pesante, ni l'œil mort ; ce n'était point ce type abâtardi du cheval de trait de notre époque. C'étaient au contraire des chevaux élégans et superbes, réunissant la plus gracieuse élégance et le cachet de sang le plus prononcé, à la haute taille et aux formes atlétiques nécessaires pour porter des hommes forts, chargés d'une armure de fer et d'armes pesantes : c'était le type du cheval normand du Cotentin et du Merlerault ; c'était le cheval du Cléveland, en Angleterre ; c'était aussi le cheval du Mecklembourg, le genêt d'Espagne, des contrées herbues de l'Andalousie ; c'était encore le cheval de chasse anglais moderne, et le carrossier demi-sang de la Normandie et du Mecklembourg. Voilà les chevaux que nous trouvons représentés sur les anciennes médailles des rois, sur les sceaux des chartes, depuis le dixième jusqu'au quatorzième siècle, et surtout sur la fameuse tapisserie de la reine Mathilde, monument contemporain de la conquête, tradition dont la fidélité ne peut être révoquée en doute, quelles que soient les parties de dessin que l'on peut reprocher à l'artiste qui nous l'a transmise. Ces chevaux étaient rares, leur prix était énorme, et on voit à chaque page de l'histoire quelle importance les chevaliers attachaient à leur possession. L'un ne peut se rendre à la place d'armes, faute d'un bon cheval; — l'autre engage ses terres, pour se procurer un bon coursier; — le chevalier vaincu doit son cheval au vainqueur; — c'est le plus beau prix et presque le but de la victoire. Charlemagne ne croira Rolland invincible que quand il le verra muni d'un bon cheval. Et les rois ne pouvaient accorder à un chevalier un don plus précieux que celui d'un cheval de bataille !

On obtenait les meilleurs destriers par le croisement des palefrois arabes et andalous avec les fortes jumens de race indigène d'Allemagne, de France et d'Angleterre. Les haras des grands seigneurs et des riches abbayes étaient fournis de chevaux orientaux et de chevaux d'Espagne, nourris et conservés dans le but de la reproduction. Quant à l'usage des destriers, les auteurs ne varient pas : le destrier est le cheval spécial de la guerre et du tournois.

« *Antigonus hardy chevalier combattant et fut moult* » *armé sur son destrier.* »

Les chevaux des chevaliers étaient bardés, c'est-à-dire qu'ils étaient couverts d'une armure de cuir ou de fer qui les protégeait contre les coups de l'ennemi. En temps de paix et dans les cérémonies civiles ou militaires, les bardes guerrières étaient remplacées ou recouvertes par des caparaçons de soie et d'étoffe, portant les armoiries du chevalier.

« Le cheval de chevalier est en cérémonie un cheval
» caparaçonné de soie armoriée ; c'est en guerre un che-
» val bardé de cuir ou de fer. »

Cet usage de barder les chevaux remonte d'ailleurs à la plus haute antiquité : l'on trouve des chevaux bardés sur les plus anciens monumens.

Les parties dont se composaient les bardes s'appe-
laient : *girel*, *housse*, *pissière*, *sambuc*, *selle d'arme* et *tétière*.

« Bien acesmé sur un grand destrier sist qui ol cou-
» vert et tête et crope et pis. »

Bien arrangé sur un destrier qui a la tête, la croupe et les pieds couverts.

L'usage des bardes était une marque distinctive du chevalier ; c'était un droit uniquement réservé à la noblesse.

La selle des chevaliers était de bois de hêtre et sem-
blable aux bâts encore actuellement en usage dans nos campagnes ; mais elle était rehaussée d'ornemens et cou-
verte de housses et de fourrures précieuses ; la bride était fort ornée et annonçait, par sa richesse, l'état du chevalier. Beaucoup de chevaux étaient appelés *Brigliadore*, bride d'or. Des clochettes étaient attachées soit à un col-
lier spécial, soit à la bride, et complétaient l'équipement du cheval. Nous avons vu que cet usage remontait aux Romains. Le troubadour Arnold de Marson dit que :

« Rien n'est si propre à inspirer la confiance au chevalier
» et la terreur à l'ennemi. »

Le palefroi est probablement ainsi nommé du mot teu-

tonique *pferd*, cheval, en bas latin *veredus*. De *palefroi*
d'ailleurs vient *palefrenier*, nom donné à celui qui a soin
des chevaux. Le grand écuyer s'appelait autrefois grand
palefrenier du roi. On a dit que ce titre, comme beaucoup d'autres, était déchu de son ancienne splendeur :
on a eu tort ; ce n'est pas le nom, c'est la chose qui est
déchue. Autrefois, le soin des chevaux était réservé aux
plus grands seigneurs, et dans un pays voisin, où le bon
sens ne manque pas, on voit encore souvent des grands
seigneurs panser eux-mêmes leurs chevaux. Mais la va-
nité et la paresse nous ont fait dédaigner les plus nobles
coutumes et rabaisser au niveau des travaux purement
manuels, des occupations qui exigent un très haut degré
de science et d'intelligence.

Le palefroi était un cheval léger, brillant, gracieux,
qui servait principalement de monture aux dames. C'é-
tait aussi un cheval de parade destiné aux entrées des
rois et princes dans les villes et aux exercices équestres.
Ces chevaux avaient beaucoup de sang ; tous les chevaux
arabes et orientaux ramenés par les Croisés étaient des
palefrois ; on en tirait aussi d'Espagne, du Limousin, de
la Navarre ; la Lorraine en fournissait d'excellens, ainsi
que la Bretagne et la Normandie.

« Le palefroi sor coî la dame seist, estait plus blanc
» que nul flors de liz, *li lorains* vaut mile sols pari-
» sis. »

La couleur la plus habituelle des palefrois était celle
ordinaire des chevaux arabes, le gris. Ils devenaient
blancs avec l'âge ; aussi cette épithète est-elle presque
toujours accolée au palefroi.

« *Lors Lancelot regarde contremont la reine, et voit*

» *venir une damoiselle sur un palefroi blanc qui vient*
» *vers elle.* »

Cependant il s'en trouvait de toutes couleurs ; ainsi
nous lisons encore :

« *Tristan demande à un écuyer s'il avait rencontré*
» *une damoiselle qui chevauchait sur un palefroi noir.* »

On accoutumait quelquefois les palefrois à marcher
l'amble, allure plus douce, pour les dames surtout. Nous
en verrons tout à l'heure un exemple dans le *Lai du
trot.*

Le roussin ou roucin est ainsi appelé de l'allemand,
ross, cheval, d'où plus tard est venu le terme de mépris
rosse, mauvais cheval. Le roussin était un cheval trapu,
fort et commun, dont le service habituel était de porter les
hommes d'armes d'un lieu à un autre, le destrier ne servant
qu'au moment de l'action. Les roussins portaient habituellement les chevaliers en voyage, les écuyers, les pages,
les varlets. On s'en servait aussi pour le travail des
champs et le tirage des basternes. En un mot, le roussin
était, au moyen âge, le type de notre cheval de poste
actuel, plus ou moins lourd, plus ou moins distingué,
plus ou moins maniable, selon son origine, sa race et le
service auquel il était destiné. Il tenait le milieu entre
le destrier et le palefroi, d'un côté, et le vulgaire sommier,
d'un autre côté. Les roussins avaient quelquefois un très
haut prix. Il y en avait qui touchaient de bien près aux
destriers et qui souvent en tenaient lieu. Cependant une
différence marquée existait ordinairement entr'eux : en
effet, le destrier, auquel il était nécessaire d'avoir une
marche tride et relevée, n'allait qu'aux allures régulières
du pas, du trot et du galop ; tandis que le roussin, des-

tiné principalement à la route, était façonné aux allures de l'amble et du pas relevé, seule manière de voyager à cheval vite et commodément, quand on est chargé d'une armure pesante. L'habitude des chevaux ambleurs était très répandue au moyen âge. Nous avons vu qu'il en fut de même aux temps de la Grèce et de Rome ; mais ici surtout c'était une impérieuse nécessité : le cheval du Nord ne peut aller habituellement longtemps au galop, et le trot est insoutenable avec la position militaire que devaient avoir les hommes d'arme du moyen âge. Ces allures, d'abord acquises et données au cheval à force de soins et au moyen de cordes et d'entraves, sont devenues, dans quelques contrées, héréditaires par la suite des générations. Longtemps l'Angleterre conserva précieusement ses chevaux ambleurs, que l'habitude du trot à l'anglaise lui fit abandonner. On connaît maintenant encore les bidets de train ou ambleurs de la Bretagne, et les chevaux d'allure ou de pas relevé de la Normandie, restes des anciens roussins si estimés des chevaliers.

Les roussins n'avaient pas la vitesse des destriers, cela se conçoit. « *Parcevaux monte sur le roucin du varlez* » *et il va si grante allure come il peut de roucin traire,* » *si a tant alé, qu'il voit devant lui le chevalier qui s'en* » *allait sur le destrier, le grand galop.* »

On tirait les roussins principalement d'Allemagne, d'Angleterre, de Bretagne, de Franche-Comté et du Boulonnais. Du reste, toutes les contrées fournissaient leurs roussins, et c'était même une chose observée dès cette époque, que le cheval indigène résiste mieux aux fatigues et aux intempéries des saisons que le cheval importé.

Le sommier était situé au plus bas de l'échelle des races du moyen âge, et pourtant encore que de services il était appelé à rendre : c'était lui qui transportait les bagages et les marchandises d'un bout à l'autre de l'Europe. Alors point de canaux, de routes faciles, de roulages, de moyens de transport, si ce n'est dans les contrées maritimes. Dans l'intérieur des terres, tous les transports se faisaient nécessairement à dos de cheval. Qui ne se rappelle ces messagers que l'habitude des voitures fait disparaître chaque jour ? Qui ne voit encore leur panier majestueusement assis sur un bât relevé, et leur long fouet pendu sur leur épaule ? — Il restera encore longtemps aux abords des forêts un petit cheval tout triste, tout frêle, tout maigre, c'est le cheval du charbonnier, dernier vestige du sommier d'autrefois. Le sommier portait le bagage des armées :

> « Nostre Gelde et nos hommes fetes avant haster
> « E la preie cachier é li sommiers dener
> « Cels ki sont à cheval fetes avant monter. »

Nous trouvons dans la légende de saint Serni un trait qui a rapport à l'amour extrême que les chevaliers portaient à leurs chevaux. Un vassal ayant un jour, par mégarde, tué un beau cheval qui appartenait à son maître, fut, par le commandement de celui-ci, mis en prison, les fers aux pieds. Saint Serni alla trouver le seigneur et le pria d'élargir le pauvre prisonnier, mais il ne put rien obtenir, ce que voyant, il ressuscita le cheval et le rendit à son maître.

Les chevaliers donnaient des noms à leurs chevaux,

selon l'usage ancien et la coutume actuelle. La plupart
de ces noms étaient tirés de la couleur du coursier,
comme Moreau et Mélanie; le noir, la noire; Bayard ou
Baillard, le bai. Voici les plus fameux de ceux que citent
l'histoire et les romans. Abjer, cheval d'Antar; Babié-
ca, cheval du Cid; Broiford et Flori, chevaux d'Oger-
le-Danois; Belche, coursier du héros allemand Dietleib;
Benig, qui appartint à Ilsan; Viellantin, Mélanie et Bride-
d'Or, dont chacun eut pour maître Roland, comme En-
tencendur, Charlemagne; Estorne, Perce-Forêt; Falke
et Rispa, Dieterich von Berne; Glorifier, Seghelin de Jérusalem; Graminund, Valdabrun; Grane, Sigurd; Grin-
golette, Walewein; Grivet, Froissard; Loëve, Hilde-
brand; Miserion, Gilles de Chin; Passebreul et Passe-
lande, Tristan; Rabican, Roger et Richardet; Rondel,
Buèves d'Autone; Rusche, Eckehart; Salt-Perdut, Mal-
quiant; Scheminc, Vidrik; Tachebrun et Gadifer, Gan-
nelon, etc.

Nous ajouterons à ces noms fameux l'Hippogriffe, que
l'Arioste fait voyager par les airs; *le cheval de fust* (de
bois) de Croppart, roi de Hongrie, dans le roman de Cléo-
madès; le cheval de bois sur lequel Pierre de Provence
enleva la belle Maguelonne, lequel se manœuvrait au
moyen d'une cheville qu'il avait au front et qui lui servait de mors. Il s'appelait Clavilègne ou Chevillard-le-
Véloce. Ce fut lui que Malambruno envoya au chevalier
de la Manche, et du haut duquel le bon Sancho voyait
la terre tout entière pas plus grosse qu'un grain de
moutarde, et les hommes qui marchaient dessus guère
plus gros que des noisettes.

Cambustan, roi de Tartarie, avait un cheval de bronze

construit sur le même modèle, et qu'il dirigeait aussi dans l'air au moyen d'une cheville placée dans l'oreille.

Pacolet, qui était aussi de bois, fut la monture de Valentin, neveu du roi Pépin. Le célèbre Rossinante servit de destrier à Don Quichotte, le *plus loyal des chevaliers*, et la jument Alfana n'avait d'autre défaut que celui d'être morte.

Mais le plus célèbre de tous ces chevaux fut le fameux Bayard, dont nous allons raconter l'histoire.

Bayard, ou plutôt Baillard, qui portait ainsi le même nom que *Balios*, l'un des chevaux d'Achille, comme nous l'avons vu, et que tous les Baillet, très communs encore aujourd'hui dans les campagnes, était de couleur bai foncé, marqué de blanc à la tête, comme son nom l'indique. Il avait été nourri dans l'île de Bruslau, qui nous semble devoir être l'ancienne Brislaw, dans le cercle de Souabe, pays anciennement renommé pour ses races précieuses de coursiers. Maugis, fils du duc d'Aigremont, l'avait élevé et dressé dans le palais de son père, en Champagne, et l'avait donné à son cousin Renaud.

Jamais un tel cheval ne sera ni ne fut oncques, si ce n'est Bucéphalus, le cheval au roi Alexandre-le-Grand.

Renaud, après avoir tué Regnier, neveu de l'empereur Charlemagne, quitte Paris sur son beau cheval Bayard, emmenant avec lui ses frères et son cousin Maugis. Ici, il est vrai, se présente une petit difficulté : la légende, la tradition, nous représentent les quatre frères montés sur Bayard, comme on peut le voir en maintes belles enseignes, portant en exergue : *Aux quatre fils Aymon*. Qui n'a vu, en effet, ces braves chevaliers, au

casque de dragon et aux souliers à la poulaine, montés
fièrement sur le dos un peu prolixe de Bayard ? Tant que
dureront les vieilles bonnes et les douces nourrices, on
n'empêchera pas Bayard de prêter son rein complaisant
à la fuite des quatre frères. Renaud, d'ailleurs, poursuivi par les chevaliers de Charlemagne, est forcé d'en
tuer trois, pour donner leurs chevaux à ses frères et sou-
lager un peu Bayard. Quant à Maugis, il monte derrière
son cousin. *Dieu veuille les conduire et garder de mal.*
Tant s'en va Renaud, par nuit et par journées, qu'il arrive dans la forêt des Ardennes. Là, ses frères et lui bâ-
tissent un château et s'y retranchent. Charlemagne vient
les assiéger ; mais ils se défendent vaillamment, et, dans
de vigoureuses sorties, font reculer les preux de l'empereur. C'était dans ces combats qu'il fallait voir Renaud
monté sur Bayard, et les armes qu'il faisait ! Celui qu'il
rencontrait *pouvait se regarder comme malheureux !*

Renaud s'empara du cheval de Yon de Saint-Omer,
qu'il trouva digne d'aller de pair avec Bayard : Dieu
merci ! dit-il, nous avons maintenant deux chevaux auxquels nous pouvons nous fier.

Ne pouvant tenir plus longtemps à Montfort, les quatre frères s'échappent de la place, poursuivis par l'armée
de Charlemagne. Après une longue course, ils arrivent
près d'une belle fontaine, où ils font paître leurs chevaux. Pour eux, ils ne trouvent rien à manger. Réduits
bientôt à la plus affreuse misère, il ne leur reste que
quatre coursiers, Bayard et trois autres, auxquels ils
n'avaient ni blé ni avoine à donner. Les quatre coursiers, réduits ainsi à vivre seulement de racines, devinrent si maigres, qu'à peine pouvaient-ils marcher,

excepté Bayard, qui se portait bien et gaillardement, vivant mieux avec des racines que les autres avec la meilleure avoine. Cependant les fils Aymon vont trouver leur mère, qui leur donne de l'argent et des soldats. Avec ce secours, ils ravagent les provinces de France et vont offrir leurs services au roi Yon, en Gascogne. Celui-ci les emploie dans sa guerre contre les Sarrasins.

Renaud attaque corps à corps leur roi, nommé Bourgons. Tandis que les deux adversaires sont descendus de cheval et marchent l'un sur l'autre, l'épée à la main, le cheval de Bourgons veut s'échapper; mais Bayard court aussitôt après lui, le prend par la crinière et le ramène sur le champ de bataille. Les quatre frères obtiennent du roi de bâtir une forteresse appelée Montauban. Renaud épouse la sœur du roi Yon, Charlemagne fait demander au roi Yon de lui livrer les fils Aymon. Celui-ci refuse. Sur ces entrefaites, arrive à la cour de Charlemagne, son neveu, Roland, qui, pour premier exploit, bat les Sarrasins qui désolaient le pays de Cologne, et fait prisonnier leur roi, nommé *Escoursaut*. Charlemagne, enchanté de la valeur de son neveu, voulait le rendre tout à fait invincible. Il ne s'agissait pour cela que de lui donner un bon cheval; mais il ne savait comment s'en procurer un. Alors, par le conseil du duc de Naismes, il fit publier une course pour trouver le meilleur cheval de l'armée. Le vainqueur devait avoir *une couronne d'or, cinq marcs d'argent et cent pièces de drap de soie*. Le roi ordonna que l'on fît des lices pour la course de chevaux et qu'on plaçât au haut, le prix de la course. Renaud entend parler de cette course que veut donner l'empereur, et l'envie lui prend d'aller jou-

ter avec Bayard. Maugis frotta son cousin avec un certain élexir, afin de le rendre méconnaissable ; il frotta également Bayard avec le jus d'une certaine herbe, de manière à le faire paraître tout blanc, comme un vieux cheval. Arrivés à Paris, Maugis lia le pied de Bayard avec de la soie cirée, pour qu'on le crut boiteux, de telle sorte que, quand ils arrivèrent aux lices, chacun de se moquer de Renaud et de son vieux cheval boiteux. L'un disait : « Vous avez bien fait, vaillant chevalier, d'ame-
» ner ici votre bon cheval ; ce sera lui sûrement qui ga-
» gnera le prix ! Voilà le vainqueur de la couronne ! » di-
saient les autres. Cependant les trompettes donnèrent le signal et la course commença. Maugis alors délia le pied de Bayard. Les autres coursiers étaient déjà loin. Renaud dit à Bayard : Nous sommes en arrière, et si vous n'êtes pas le premier, vous serez blâmé. Bayard, à ces paroles, fronça les narines, allongea le cou et partit comme un trait. En peu de temps, il eut dépassé tous ses rivaux. Chacun se disait : « Voyez comme ce cheval
» blanc court rapidement. Tout à l'heure, il boitait, et
» maintenant c'est le meilleur de tous. » L'empereur disait de son côté : « Grand Dieu ! qu'il ressemblerait bien
» à Bayard, s'il était de son poil ! » Quand Renaud fut au bout des lices, il prit la couronne et la passa à son bras. Quant à l'argent et aux étoffes, il les laissa, puis s'achemina vers l'empereur à petits pas. Celui-ci, le voyant venir, lui dit joyeusement : « Ami, je vous prie,
» arrêtez un peu. Si vous voulez ma couronne, vous l'au-
» rez, et je donnerai tant de votre cheval, qu'en votre
» vie vous ne serez pauvre. Parbleu ! dit Renaud, vous
» vous moquez : je m'appelle Renaud, et j'emporte votre

» couronne. Cherchez un autre cheval pour Roland ; car
» vous n'aurez ni votre couronne ni Bayard ! » Alors il
partit comme la foudre. Charlemagne ayant entendu ces
paroles, en fut si irrité que de longtemps il ne put dire
un mot. Renaud arriva sain et sauf à Montauban, et
Charlemagne vint l'y assiéger à la tête d'une nombreuse
armée. Cependant Renaud et ses frères se disposèrent à
se défendre vigoureusement. Les trois frères disaient à
Renaud : « Tant que nous vivrons et que nous vous ver-
» rons monté sur Bayard, nous ne craindrons ni Char-
» lemagne ni sa puissance. » En effet, dans chaque rencontre, l'empereur n'avait que du pire ; les quatre frères
tuaient les meilleurs chevaliers et s'emparaient des chevaux et des enseignes de guerre. Alors Charlemagne ré-
solut de les avoir par ruse. Il s'entendit avec le roi Yon,
beau-frère de Renaud, qui consentit à les lui livrer. Il
leur fit entendre qu'ils auraient la paix avec l'empereur,
s'ils se rendaient dans la plaine de Vaucouleurs, montés
sur des mules, revêtus de manteaux d'écarlate et portant
chacun une rose à la main. Renaud y consentit volontiers ; mais ses frères s'y opposaient. Ils auraient seulement voulu être montés sur leurs chevaux, ou du moins
que Renaud fût monté sur Bayard. Quand ils furent dans
la plaine de Vaucouleurs, mille hommes de la cavalerie
de l'empereur s'avancèrent sur eux pour les prendre ;
mais Renaud tira son épée et trancha la tête au comte
d'Aigon. Cependant ils allaient être accablés par le nombre. Renaud s'écria alors : « Oh ! Bayard, mon bon che-
» val, que ne suis-je sur toi, bien armé ! je vengerais ma
» mort avant de mourir ! » Tandis que les bons chevaliers vendaient chèrement leur vie, Maugis, qui était à

Montauban, apprend la fâcheuse position de ses cousins; il monte sur Bayard et prend, avec cinq mille hommes, la route de Vaucouleurs. Bayard courait comme un cerf pour aller au secours de son maître. Cependant Maugis avait rejoint les quatre frères qui combattaient au pied du rocher. Il donna Bayard à Renaud, qui le monta aussitôt, et ils tombèrent tous sur l'armée de l'empereur, qui prit la fuite.

Cependant Renaud ayant défié Oger, celui-ci s'arrêta et ils combattirent ensemble, d'abord à la lance, puis, ayant mis pied à terre, ils s'attaquèrent l'épée au poing. Les chevaux, voyant les maîtres qui se battaient, coururent l'un contre l'autre et commencèrent à se mordre et à ruer. Oger, qui savait que Bayard était le plus fort, courut pour secourir son coursier. Mais Renaud lui dit : « qu'allez-vous faire? ce n'est point avec mon cheval que » vous allez combattre, mais contre moi. » Renaud retourna à Montauban et la guerre continua. Dans une rencontre avec Roland, ils mirent tous deux pied à terre, et Bayard, selon sa coutume, courut sur le cheval de Roland et se mit à le frapper rudement, il était d'autant plus vigoureux et dispos qu'il avait bien mangé toute la nuit. Cependant la guerre continuait, et dans une escarmouche, Richard, l'un des quatre frères, fut pris par Roland, amené devant Charlemagne et condamné à être pendu. Alors il dit à l'empereur : « Sire, vous me tenez » prisonnier; mais tant que mon frère Renaud pourra » monter sur Bayard, je ne serai point pendu. » Renaud ayant appris comme quoi son frère Richard avait été pris et comme quoi il allait être pendu, fait seller Bayard et se rend à la tête d'une troupe nombreuse dans un bois de sapins proche du gibet de Montfaucon, ou Ripus allait pendre son frère. Là il s'endormit. Cependant Ripus arriva et se mit en devoir de pendre Richard. Voyant cela, le bon cheval Bayard frappa du pied l'écu de Renaud et le réveilla ainsi que les autres chevaliers, qui délivrèrent Richard et pendirent Ripus à sa place. « Qui » vous a réveillé? dit Maugis à Renaud ; c'est Bayard ! » répondit celui-ci. L'excellent cheval ! dit Maugis. » Cependant Charlemagne, qui croyait Richard pendu, s'en vint au devant de Ripus ; mais il fut bien étonné en apercevant Richard et ses frères ; il piqua son cheval et s'avança vers eux. Dans la mêlée, Renaud jouta contre Charlemagne sans le connaître; quand il vit que c'était lui, il en fut bien fâché et, se mettant à genoux, il lui demanda grâce pour lui et pour ses frères. « Je vous » donnerai, lui dit-il, Montauban avec mon cheval Bayard, » qui m'est bien nécessaire, et que j'aime le mieux après » mes frères et mon cher cousin Maugis : il n'y a au monde » un pareil cheval. » L'empereur n'en voulut rien faire, et il dit à Renaud de se défendre et l'attaqua vivement. Renaud voyant cela, s'empara de l'empereur, le prit par le milieu du corps et le mit en travers sur le cou de Bayard, mais sans vouloir lui faire aucun mal. Cependant Roland vint délivrer Charlemagne. Maugis, à son tour, fut pris par Olivier et conduit à Charlemagne qui le condamna à être pendu ; mais il s'échappa durant la nuit et rencontra Renaud qui le cherchait. Bayard le sentit et commença à hennir bien fort et à aller vers Maugis, malgré Renaud qui, ne le reconnaissant pas, lui cria : « Vassal, qui êtes-vous? » Le cheval avait mieux deviné que l'ami ! Comme la guerre ne finissait pas,

Maugis entreprit de la terminer tout d'un coup, par sorcellerie. Il s'en alla dans l'écurie, détacha Bayard, monta dessus, sortit de Montauban, alla à la tente du roi, qu'il charma ainsi que tous ceux de l'armée; il se saisit ensuite de l'empereur, le mit sur Bayard, puis il l'amena dans Montauban et le coucha dans son lit; après quoi, il fut se rendre ermite pour sauver son âme. Cependant Renaud donna la liberté à Charlemagne et le fit reconduire honorablement sur Bayard. Charlemagne, ne voulant pas absolument accorder la paix aux quatre fils Aimon, fit presser le siége avec vigueur, si bien qu'ils furent réduits à une affreuse famine; après avoir consommé tous les vivres de la place, ils en vinrent à manger leurs chevaux, et ils les mangèrent tous, jusqu'au dernier, excepté toutefois Bayard. Cependant Renaud voyant sa femme et ses enfans prêts à expirer de besoin, consent à tuer Bayard. Ayant été à l'écurie, il le trouva qui poussait un grand soupir. Quand il vit cela, il dit qu'il aimerait mieux mourir que de tuer Bayard. Cependant, comme ses enfans allaient mourir, il se rendit près du duc Aymon, son père, et lui demanda des vivres : Aymon lui en accorde; il charge Bayard de pain et de viande fraîche. Bayard portait plus que n'eussent fait deux autres chevaux; mais le vieux Aymon ayant été repris par l'empereur de fournir des vivres à ses enfans, leur état devint bien pire qu'auparavant. Alors Renaud retourna à l'écurie, pour tuer Bayard; mais l'idée lui vint de le saigner seulement; ils prirent le sang, ce qui les soutint un peu. Cependant ils ne pouvaient plus résister davantage, quand ils découvrirent un souterrain qui conduisait dans la campagne. Renaud sortit avec sa femme, ses fils et ses trois frères, emmenant Bayard avec eux ; de là, ils se réfugièrent en Dordogne, où ils furent de nouveau assiégés par Charlemagne. Cependant l'empereur, menacé par les barons d'être abandonné par eux, consent à faire la paix avec les quatre chevaliers, pourvu qu'on lui livre Bayard. Renaud acquiesça au désir de Charlemagne et livra Bayard au duc de Naismes. L'empereur ordonna que chacun décampât pour s'en aller au siége de Liége ; en passant sur le pont de *Meuse*, il fit amener Bayard, le bon cheval de Renaud, et quand il le vit, il lui dit : «Oh! » Bayard, tu m'as irrité bien des fois, mais je suis venu » à bout de me venger ! » Alors il lui fit mettre une pierre au cou et le fit jeter par dessus le pont de la rivière de Meuse. Bayard alla au fond. Quand le roi vit cela, il en eut grande joie et dit : Voilà tout ce que j'ai demandé : enfin le voilà détruit ; mais Bayard frappa tant des quatre pieds, qu'il vint à bout de se débarrasser de la pierre et il revint sur le bord ; il se mit à hennir hautement, puis prit sa course avec tant de rapidité, qu'il semblait que la foudre le poussât. Il entra dans la forêt des Ardennes. Charlemagne, voyant que Bayard était échappé, en fut très irrité ; mais tous les barons en furent bien contens. Beaucoup de gens disent que Bayard est encore vivant dans le bois des Ardennes ; mais que, quand il voit homme ou femme, il fuit et on ne peut l'approcher.

Une forêt en Brabant porte le nom de Meerdael, *vallée du cheval*, à cause, dit-on, du fameux Bayard. On voit encore dans cette forêt la crèche du célèbre coursier, ainsi qu'une très grande pierre qu'il frappa, dit-on, de ses pieds si rudement, qu'elle en a conservé l'empreinte. Près de la forêt, est le village Eygenhoven, *habitation du cheval*. Les armoiries de ce village représentaient Bayard portant les quatre fils Aymon. On trouve, près de Dinant, la roche à Bayard. Une foule de villes ont pour enseignes de leurs hôtels ou pour noms de rues : *les quatre fils Aymon.*

De même que les chevaux de Pallas et d'Hippolyte, les chevaux des chevaliers s'associaient à la douleur de leurs maîtres. Dans le poème breton de Lez-Breiz, le cheval du héros est resté à garder sa tombe.

> Or, il y avait sept ans un mois que son
> Ecuyer le cherchait partout.
> . . . .
> Alors il entendit à l'extrémité du bois
> Les hennissemens plaintifs d'un cheval.
> Et le sien mettant le nez au vent y
> Répondit en caracolant.
> Arrivé à l'extrémité du bois, il reconnut
> Le cheval noir de Lez-Breiz.
> Il était près de la fontaine, la tête penchée ;
> Mais il ne paissait ni ne buvait.
> Seulement il flairait le gazon vert
> Et il grattait avec les pieds.
> Puis il levait la tête et recommençait
> A hennir lugubrement.
> A hennir lugubrement, quelques-uns
> Disent qu'il pleurait.

Marie de France a développé cette idée dans le lai de Gradlon-Meur.

> Son destrier qui d'eau échappa,
> Pour son seigneur grand deuil mena.

En ces forêts fit son retour,
Ne fut en paix ni nuit ni jour ;
Des pieds gratta, fortment hennit,
Par la contrée fut ouï.
Prendre cuident (le veulent) et retenir ;
Oncques nul d'eux ne l'put saisir.
Il ne voulait nu lui atendre,
Nul ne le put lacier ni prendre.
Moult longtemps après ouït-on,
Chacun an, en cette saison
Que son sire partit de lui,
Sa noise et la frente (hennissement) et le cri
Que le bon cheval demenait
Pour son sire que perdu avait.

La religion chrétienne n'a pas dédaigné de faire entrer le cheval dans ses mystérieuses légendes.

Les chevaliers de la milice céleste étaient saint Georges, patron de l'Angleterre ; saint Martin, saint Jacques de Matamores, patron d'Espagne ; saint Michel, patron de Normandie ; saint Paul-le-Centenier et saint Maurice, le chef illustre de la légion Thébaine. Presque tous ont eu des ordres de chevalerie placés sous leur invocation. L'ordre de Saint-Michel fut longtemps un des plus nobles du noble royaume de France.

Jean, le solitaire de Pathmos, dans son apocalypse, fait monter à cheval l'ange de la mort :

« Après cela, je vis que l'agneau avait ouvert un des
» sept sceaux, et j'entendis un des quatre animaux, qui
» dit avec une voix comme un tonnerre: Venez et voyez,
» et en même temps je vis paraître un cheval pâle, et ce-
» lui qui était monté dessus s'appelait la mort. »

Plus loin, l'homme de Dieu dit encore: « Je vois aussi
» des chevaux dans la vision, et ceux qui étaient montés

» dessus avaient des cuirasses comme de feu, d'hyacinthe
» et de soufre, et les têtes des chevaux étaient comme
» des têtes de lions, et il sortait de leur bouche du feu,
» de la fumée et du soufre. »

L'origine des tournois est inconnue. Ce sont de ces
institutions sans date positive, qui se forment, à chaque
période nouvelle de civilisation, des débris des institutions passées. La plupart des historiens en font honneur
à la France. Pour nous, nous pensons que les tournois
sont un souvenir de ces jeux équestres aussi anciens que
le monde, passant d'Egypte en Grèce, de Grèce en Italie,
que les Romains appelèrent plus tard jeux troyens, et
qui occupent une si grande place dans l'histoire de l'empire d'Orient. Les historiens, en rapportant l'anecdote
où l'Arabe, combattant avec deux lances, est vaincu par
un eunuque de la cour de Théophile, ne paraissent voir
dans ce fait d'autre circonstance remarquable que celle
des deux lances de l'Arabe; quant au combat en lui-
même, vraie passe de tournois, ils semblent le regarder
comme un détail ordinaire des fêtes du cirque. Or, Théophile vivait vers l'an 830, 40 ans avant que Louis-le-
Débonnaire établît les tournois en France, en 870. De
leur côté, les Maures d'Espagne faisaient des tournois,
bien avant cette époque, un de leurs spectacles favoris.
Il est certain, toutefois, que ce fut en France que l'institution prit toute son importance, et qu'elle y jeta un
immense éclat sur la chevalerie du moyen âge. Les Al-
lemands, au reste, l'adoptèrent de bonne heure, et
Henri Ier, dit l'Oiseleur, l'introduisit dans ses Etats, l'an
930. Guillaume-le-Conquérant la popularisa en Angleterre, où elle s'était déjà introduite pendant la période

saxonne. Géoffroi de Preuilly, mort en 1066, rédigea les réglemens des tournois. C'est ce qui l'en a fait regarder comme l'inventeur par quelques écrivains ignorans ou distraits.

Le nom de tournoi vient du latin *torneamentum* et rappelle les jeux troyens décrits par Virgile, où le jeune Jules imitait, en se jouant, les tours et les détours du labyrinthe de Crète.

Voici la description des tournois français, sur lesquels se modelèrent tous ceux de l'Europe. Lorsque le prince ou le haut baron avait projeté un tournoi, il le faisait annoncer par toute la province, par tout le royaume, et même quelquefois dans les pays étrangers. Des servans et des poursuivans d'armes couraient ainsi les villes et les châteaux en criant : « Or oiiez, or oiiez, or oiiez ! — On » fait savoir à tous puissans princes, ducs, barons, che- » valiers, à qui Dieu donne vie, que tel jour du mois, en » tel lieu, telle place, se fera grandissime pardon d'ar- » mes, et très noble tournois, frappé de masses de me- » sure, espées rabattues, etc., ainsi que de toute ancien- » neté est de se faire. Duquel tournois seront chefs très » hauts, etc., et audit tournois il y aura de nobles et » dignes prix donnés par les dames et damoiselles. Outre, » seigneurs, vous êtes tenus de vous rendre quatre jours » avant le combat, pour pendre vos blasons aux fenê- » tres ; voici les armes dont vous serez armés, etc. »

Les lices étaient un quart plus longues que larges, et palissadées de cœur de chêne ; la pallissade de dehors beaucoup plus haute que celle du dedans.

La veille du tournois, les hérauts revêtaient leurs cottes de mailles, et, tenant leurs verges à la main, se

rendaient dans les lieux publics en répétant leur cri :
Or oiiez, or oiiez, or oiiez ! On fait savoir pour le
jour de demain, etc.; puis on suspendait les armures
et les armoiries des prétendans ; ensuite les juges du
camp conduisaient en cérémonie les dames et damoiselles, trois fois à l'entour, afin qu'elles connussent les
chevaliers qui devaient entrer en lice. Si dans le nombre il s'en trouvait quelqu'un qui eût médit des *dames*, l'offensée n'avait seulement qu'à toucher son casque, le lendemain il était sévèrement puni, ainsi que
ceux qui auraient encore commis *des crimes plus a-
troces.*

Le chevalier convaincu d'un crime était battu, jusqu'à
ce qu'il eût dit : « *Je donne mon cheval.* » Alors on
coupait les sangles de sa selle et on l'affourchait sur les
barrières de la lice. Celui qui avait mal parlé des dames
était battu jusqu'à ce qu'il criât : « *Merci aux dames* », et
qu'il promit de n'en plus mal parler. Lorsque les dames
craignaient que la chaleur du combat ne dût entraîner
trop loin les tournoyans, ou que les coupables ne fussent
trop châtiés, elles nommaient un chevalier d'honneur et
lui donnaient une de leurs coiffures magnifiquement
ornée, afin qu'il l'a plaçât au bout de sa lance. C'était sa
marque distinctive, et tout combat devait cesser alors
qu'il abaissait le couvrechef de merci, vers l'écu du chevalier frappant. Quand les dames étaient assises, les
trompettes sonnaient au dehors pour appeler les tournoyans. Bientôt arrivait le seigneur appelant, qui défi-
lait avec ses gens, sous les galeries. A son entrée dans
la lice, il faisait demander aux juges quelle place on lui
assignait. On lui donnait un des côtés. — Les défendans

arrivaient à leur tour ; ils se rassemblaient et venaient se placer dans la lice vis-à-vis des tenans.

Les hérauts répétaient leur cri : Or oïiez, or oïiez, or oïiez ! Largesses, preux chevaliers. Alors on coupait les cordes et le combat s'engageait. Les varlets avaient l'office, pendant le combat, de relever les blessés, ou de les protéger avec des fûts de lance de deux brasses qu'ils portaient à cet effet.

Lorsque le combat avait assez duré, les trompettes sonnaient la retraite, et les hérauts criaient : Or oïiez, or oïiez ! Chevauchez bannières ! départez vos rangs !

Le soir, le chevalier d'honneur rendait le couvrechef de merci, puis on donnait le prix au vainqueur, qui le recevait à genoux. Il embrassait les dames et les demoiselles, *si c'était son plaisir.*

Dans les tournois à plaisance, il était défendu de se servir de la pointe ; on ne pouvait frapper que du plat ou du taillant, qui était rabattu et émoussé, et seulement de la ceinture en haut.

Les novices, bacheliers, varlets et damoiseaux combattaient avec des épées peintes et des lances de sapin. Les combats à outrance avaient lieu à fer émoulé, à épées tranchantes et poignantes, avec brasses d'acier aiguisées.

La haute utilité des tournois est incontestable pour l'époque où ils avaient lieu : c'était d'abord une école de guerre. Les chevaliers apprenaient, dans ces jeux terribles, à attaquer et à se défendre ; à monter solidement à cheval ; à doubler rapidement le croupe de l'adversaire ; à supporter, sans plier, le choc des lances, des haches d'armes et des lourdes épées. Ce fut le principe du manége militaire, tel qu'il s'est perpétué jusqu'à nos jours, en passant par la filiation des brillans carrousels, jeux moins sanglans et plus appropriés aux changemens survenus dans les mœurs publiques.

C'était aussi un moyen de juger le mérite et la race des coursiers. Avoir paru avec distinction dans plusieurs passes d'armes était une haute recommandation pour un destrier. Il acquérait ainsi cette valeur idéale que donne aux chevaux du désert le voyage de la Mecque, et aux chevaux de notre époque les victoires de l'Hippodrome.

Déjà, les tournois proprement dits n'étaient plus qu'une de ces vieilles institutions qui ne se maintiennent que par la force de l'habitude, quand la mort de Henri II les fit irrévocablement abandonner.

L'invention de la poudre, les changemens survenus dans les habitudes militaires leur avaient ôté toute leur importance. La force et le courage d'un ou plusieurs chevaliers ne décidaient plus du sort des batailles. Les tournois enfin n'étaient plus qu'un usage et non un besoin ; et, nous l'avons déjà remarqué, à l'honneur de l'esprit humain, les institutions en apparence uniquement consacrées au plaisir disparaissent de chez un peuple à mesure qu'elles perdent le caractère d'utilité qui est toujours leur seule raison d'être. C'est ainsi qu'étaient tombées les courses de chars, chez les anciens, à mesure que l'on oublia l'usage de combattre sur des chars ; c'est ainsi pareillement que s'étaient évanouis les combats de gladiateurs, qui, tout affreux qu'ils étaient, eurent longtemps leur utilité, chez les Romains, auxquels il importait à un si haut degré de se servir habilement de cette courte épée que pendant mille ans, la victoire suivit d'un bout du monde à l'autre.

Cependant les tournois établis en France existèrent encore quelque temps dans les autres contrées de l'Europe. L'impératrice de Russie en fit célébrer un en 1766, et la comtesse Orloff un autre, à Moscou, en 1811 ; un excès d'excentricité britannique en fit essayer un dernier à Eclington, en 1840. Mais, en marchant à l'encontre des mœurs et des habitudes de son époque, en rebroussant trop rudement le cours des siècles, il est très difficile, sinon impossible, de ne pas être près du ridicule.

Si, comme nous l'avons dit, les tournois eussent conservé leur utilité, ce n'eût pas été la mort d'un roi qui les eût fait supprimer ; les jeux équestres ne disparurent d'ailleurs pas avec eux. Le combat d'homme à homme, trop souvent funeste, fut remplacé par des passes savantes, des airs de manége étudiés, des courses de bague et autres exercices gracieux, qui, tout en continuant de donner à la jeunesse française l'occasion d'étudier à fond l'équitation et la science des armes, forma le plus attrayant et le plus pompeux des spectacles.

L'étymologie de *carrousel* se trouve dans le mot latin *currus*, char, en celtique *karr*. La dénomination de carrousel fut appliquée primitivement à ces cérémonies antiques où paradaient des chars et des cavaliers, où vinrent briller successivement les pompes de l'Orient, les richesses de l'empire romain, la galanterie des peuples maures. Nous avons parlé de ces fêtes lorsque l'occasion s'en est présentée ; nous n'avons à prendre maintenant les carrousels qu'au moment où ils se renouvelèrent pour remplacer les tournois et jeter un vif éclat sur l'équitation moderne, qu'ils ont contribué, comme nous le verrons, à porter au plus haut degré de perfection.

Voici, d'après les auteurs, la description d'un carrousel.

On y considérait :

1° Le mestre de camp et ses aides ;

2° Les cavaliers composant chaque quadrille ;

3° Leurs cartels, leurs noms, leurs habits, leurs devises, leurs armes, leurs machines, leurs pages, leurs esclaves, leurs valets de pied ; les estafiers, leurs chevaux et leurs ornemens ;

4° Les personnes qui font jouer les machines, celles qui figurent dans les récits et qui exécutent la musique ;

5° Les différentes courses que font les cavaliers et pour lesquelles on donne les prix.

Le nombre des quadrilles est de quatre au moins, et de douze au plus. Chaque quadrille est composé de quatre cavaliers, quelquefois de six, huit et douze, non compris le chef. Il y a deux sortes de quadrilles, le quadrille des tenans et celui des assaillans. Le quadrille des tenans est le plus considérable.

Les tenans sont ceux qui ouvrent le carrousel et qui font les premiers défis, par les cartels que les hérauts publient.

Les assaillans sont ceux qui répondent aux cartels.

Les cartels se font au nom du chef de quadrille. Ils contiennent ordinairement :

Le nom et l'adresse de ceux que les tenans envoient défier, — la cause du combat, — les propositions qu'ils veulent soutenir les armes à la main, — le lieu et le mode du combat, — le nom des tenans qui envoient le défi ou les cartels.

Les exercices et les jeux équestres usités dans les cartels sont les suivans :

Les courses contre la quintaine, — le combat à cheval, — la course des têtes, la course des bagues, et la foule.

La quintaine était autrefois un automate, formé d'un tronçon de bois taillé, représentant une figure d'homme armé de toutes pièces et monté sur un pivot. Cet automate devait être touché au front et au cœur ; s'il l'était ailleurs, ses ressorts étaient disposés de telle façon qu'il tournait rapidement sur lui-même et venait frapper l'assaillant d'un coup de plat de sabre ou d'un sac de terre.

Ce jeu remonte à une haute antiquité. Nous avons vu qu'il était en usage chez les Romains ; on l'appelait aussi jeu du pal, poteau, ou jaquemard. Dans plusieurs contrées de France, on appelait encore naguères *le jaquemard* un poteau de bois orné d'un bouclier fiché en terre sur lequel on s'exerçait à tirer au blanc.

Quoique la quintaine paraisse avoir été introduite dans les carrousels par les Italiens, elle existait néanmoins, très anciennement en France, comme coutume seigneuriale. Elle servait à exercer la jeunesse des campagnes au maniement de la lance et à l'équitation. On voit dans le roman des quatre fils Aymon, que Charlemagne, avant de recevoir Renaud chevalier, le fait exercer contre la quintaine. On cite Saint-Léonard, en Limousin, où, de temps immémorial, le jour de la fête de saint Léonard, patron de la ville, on plante en terre un poteau surmonté d'un coffret tournant sur un pivot. Les jeunes gens du pays montent à cheval, et, armés de lances de bois, courent contre le coffret jusqu'à ce qu'il soit rompu. Cet exercice s'appelle, par corruption, *Tin quan* ou *Tin can*.

La course des têtes est, dit-on, d'origine allemande. Elle consiste à abattre de la lance, à frapper du pistolet, à percer de l'épée des têtes de bois placées à terre ou sur des poteaux.

Les combats à cheval se faisaient à la lance et à l'épée. On a vu qu'après la mort de Henri II, les combats à la lance furent généralement abolis en France; les autres se sont maintenus dans les carrousels et exercices militaires.

La course des bagues est un des exercices les plus brillans et les plus utiles des carrousels. Il consiste, comme tout le monde le sait, à prendre, avec la lance, une bague suspendue à un poteau. Cet exercice exige une grande habitude du cheval et une main exercée.

La foule, en italien *la fola*, est le résumé du carrousel et la pierre de touche du parfait écuyer. Dans *la fola*, les cavaliers, au son de la musique, mènent leurs chevaux en leur faisant suivre les cadences des airs les plus variés. Ils exécutent des danses comme celles des anciens Sybarites, des Maures et des Italiens. Pour cet exercice, il n'est rien de trop parfait dans le dressage des chevaux, la justesse et la précision de leurs allures ; rien de trop exact dans les plus habiles calculs de la science du cavalier. Une *foule* bien exécutée est un de ces spectacles rares et magiques, auxquels il fallait ou les pompes de l'antiquité ou l'enthousiasme nourri dans l'oisive et riche activité de nos pères. Les modernes doivent renoncer à ces splendeurs, dont on ne pourra désormais concevoir l'idée qu'à la vue des représentations offertes par les entrepreneurs de spectacles, qui apprennent à spéculer sur les glorieux et brillans souvenirs de la nation.

Les carrousels ont existé jusqu'à l'époque de Louis XIV. Nous donnerons plus tard la description de celui qui eut lieu en 1662 et qui fut probablement le plus magnifique que l'on ait jamais célébré.

L'école de cavalerie de Saumur a tenté de ressusciter ce noble spectacle, si bien approprié au but des études militaires; mais, malheureusement, ces essais n'ont point été continués. Nous y reviendrons plus loin.

Les chevaux jouent un grand rôle dans les mystères de la démonologie. On connaît le cheval noir de Lénore et son infernal galop. C'est aussi un cheval noir que monte l'amant d'Areté, dans la ballade grecque. Les chevaux noirs ont été, de tout temps, suspectés de connivance avec l'esprit des ténèbres. Un cheval noir, sans aucune marque blanche, était autrefois regardé comme un animal funeste et qui devait porter malheur à lui ou à son maître. On n'en finirait pas, si l'on énumérait toutes les histoires de chevaux noirs, qui sont la monture des diables, des possédés, des damnés, et quelquefois Belzébuth lui-même. Nous citerons seulement l'histoire d'un maquignon, rapportée par Walter-Scott.

Un hardi maquignon avait vendu un cheval noir à un vieillard à l'air vénérable, qui lui donna rendez-vous à minuit, pour la livraison, sur les montagnes sauvages d'Eldon. Le maquignon y alla; l'argent lui fut compté en vieille monnaie, et l'acheteur l'invita à voir sa demeure. Le maquignon le suivit dans une immense écurie remplie de chevaux, qui tous étaient dans la plus parfaite immobilité. Auprès de chaque coursier, était un guerrier également immobile. Tous ces hommes, lui dit le vieillard, s'éveilleront à la bataille de Sheriffmoor.

Orderic Vital raconte une histoire de revenans qui offre des détails curieux. La scène se passe au dixième siècle. Un prêtre nommé Gauchelin, allant, dit-il, voir un malade pendant la nuit, rencontra une troupe de démons et de damnés qui chevauchaient sur des chevaux noirs. Les hommes étaient armés de toutes pièces et montés sur *des coursiers gigantesques*; les femmes étaient montées sur des *selles à femmes dans lesquelles étaient enfoncées des clous enflammés*. Gauchelin, pour prouver la vérité de la vision, voulut s'emparer d'un des chevaux libres qui suivaient ce convoi.

Il se tint prêt au milieu du chemin, et, se présentant devant un cheval qui venait à lui, il étendit la main. Le cheval s'arrêta pour attendre le prêtre, et, soufflant par les naseaux, il jeta en avant un nuage grand comme un chêne élevé. Alors le prêtre mit le pied gauche à l'étrier, saisit les rênes, porta la main sur la selle, puis aussitôt sentit sous le pied une chaleur excessive, comme un feu ardent, tandis que par la main qui tenait la bride, un froid incroyable pénétra jusqu'à ses entrailles.

Pendant que ces choses se passent, quatre horribles chevaliers surviennent, et, jetant de terribles cris, proférèrent ces paroles : « Pourquoi vous emparez-vous de » nos chevaux? »

Mais si les chevaux noirs étaient la proie du démon, les chevaux blancs étaient la monture des anges. Chaque fois que Gabriel ou Michel paraissent dans les légendes, c'est toujours sur un cheval blanc. Aussi cette nuance fut-elle toujours regardée comme un signe d'honneur et de noblesse. Nous avons vu que, dans l'antiquité, chez tous les peuples, le cheval blanc était préféré pour les rites religieux, les cadeaux ou les tributs. Il en fut de même au moyen âge. Les papes et les empereurs paraissaient toujours en public montés sur des chevaux blancs. On sait que, lors de l'entrée du roi Jean à Londres, le prince noir le fit monter sur un superbe cheval blanc, tandis que lui-même montait à ses côtés un palefroi noir.

C'étaient sur des chevaux blancs que galopaient les fatales filles d'Odin ; c'est le coursier blanc que les Arabes célèbrent dans leurs chants, et c'était sur un coursier blanc que Napoléon gagna les batailles de Marengo, d'Austerlitz et d'Iéna.

Parmi les gracieuses superstitions où se mêle le souvenir du cheval, nous n'oublierons pas nos gentilles fées des montagnes de l'Écosse et des vallons de la Bretagne. Si le matin les chevaux du pâturage ont le poil humide et l'haleine brûlante, soyez-en sûrs, ils auront servi de monture aux fées ! Voyez leur crinière tressée, ces nœuds gordiens si finement enlacés ! La main des fées a passé par là. Ces nœuds sont leurs étriers, et, toute la nuit, elles ont couru, folles et légères, suspendues à ces crinières volantes, dans les clairières des grands bois.

Nous ne pouvons, en parlant de la chevalerie, passer sous silence le lai du trot, ce vieux récit breton où l'on voit, entre autres, deux choses fort intéressantes : premièrement, que l'amble était, au moyen âge, beaucoup plus estimé que le trot, par les dames; secondement, que les dames pouvaient, à l'aide de certain moyen, peut-être encore aujourd'hui praticable, se garder dans l'autre vie de cette fatigante et pénible allure.

LE LAI DU TROT

« Il y avait jadis en Bretagne un chevalier très riche, hardi, courageux et fier. Il faisait partie de ceux de la table ronde, que présidait le roi Arthur, qui savait si bien honorer les bons chevaliers et les récompenser généreusement.

» Ce chevalier s'appelait Lorois : parmi toutes ses richesses, il avait un fort beau château, clos de murs et de fossés. A l'entour, s'étendaient des rivières et des forêts où le chevalier allait souvent pêcher et chasser. Un jour (au mois d'avril), au temps où la verdure renait et où les oiseaux reparaissent avec leurs chansons, le chevalier s'était levé matin. Après avoir revêtu un surcot d'écarlate bordé d'hermine, puis des chausses élégantes, une ceinture argentée, il lui prit fantaisie d'aller dans la forêt, pour entendre le rossignol.

» Il commanda à son valet de lui amener son cheval. Quand il eut chaussé ses éperons d'or, ceint son épée à poignée dorée et mis son cheval à l'amble, il s'avança vers la forêt, au milieu des prairies couvertes de fleurs bleues, blanches, vermeilles. Déjà il croyait entendre de loin les accens harmonieux du roi du printemps, quand un spectacle singulier vint le distraire et attira toute son attention. Quatre vingts jeunes filles, toutes belles, courtoises, bien parées, sortaient de la forêt. Pour couvrechefs, au lieu de molequins en toile, comme ceux que portent aujourd'hui les dames, elles portaient des cou-

ronnés de roses et d'églantines, qui répandaient les plus
doux parfums. Elles avaient des blians dorés (sortes de
blouses) dont les ceintures pendaient à leurs côtés ; car
il faisait très chaud. Tous leurs palefrois étaient blancs,
et leur allure était très douce, bien que rapide ; car ils
allaient pour ainsi dire au galop, et nul cheval, fût-il de
Castille ou d'Allemagne, n'eût pu les rejoindre. Chacune
de ces quatre-vingts demoiselles avait son ami près
d'elle, sur un destrier. Le costume de ces jeunes seigneurs n'était pas moins riche que celui des dames :
chacun d'eux avait une cotte et un manteau fourrés, des
éperons d'or, des harnais pareils à ceux qu'on voit aux
princes, et, tout en courant, ils disaient de douces paroles
et jetaient de tendres regards à leurs aimables compagnes. A la vue de cette bizarre apparition, le chevalier
se signa ; mais que devint-il, quand il vit tout à coup
quatre-vingts autres dames sortir de la forêt? Seulement
le costume et l'accoutrement de celles-ci ne ressemblaient pas à ceux des premières. Elles étaient montées
sur de mauvais roucins noirs, maigres, rompus de fatigue et couraient, en suant, au trot, après les destriers
que Lorois avait vus passer dabord. Ce trot était si dur,
si horrible, que l'homme le plus sage du monde, ou le
plus fol, ne l'aurait pu supporter une lieue, lui eût-on
promis pour cela 15 mille marcs d'argent. Pour frein,
ces mauvais coursiers avaient des branches de tilleul
non rabotées ; leurs selles étaient rapetassées en mille
endroits, et les dames qui les occupaient n'avaient ni souliers, ni chausses. Leurs robes se composaient d'un froc
noir décousu et déchiré en mille endroits, et sur elles
fondaient avec impétuosité une pluie et une neige éter-

nelles. Près d'elles, se tenaient quatre-vingts cavaliers à la figure sinistre, au regard courroucé, qui, à chaque instant, heurtaient ces malheureuses et leur arrachaient des cris de douleur.

» Le chevalier, après son premier étonnement, piqua des deux, s'approcha des dames qui souffraient ainsi et demanda à l'une d'elles ce que signifiait le triste spectacle dont il était témoin. La dame fut d'abord quelque temps sans lui répondre ; car elle était fort essoufflée ; elle ne pouvait d'ailleurs arrêter son cheval ni s'en laisser choir, bien que le meilleur écuyer ne l'eût pu monter un moment. Enfin, au milieu de soupirs entrecoupés, elle répondit : Chevalier, nous vous remercions de votre pitié ; mais nous avons bien mérité ce que nous souffrons ; car nous fûmes impitoyables. Les dames qui nous précèdent furent des épouses fidèles et tendres ; nous, nous sommes des dames qui sommes restées sans affection pour nos maris. Ils nous le rendent, comme vous voyez, à leur tour, et ne laissent à notre supplice ni repos, ni trève. En vain essayeriez-vous de délivrer quelques-unes d'entre nous : vous n'y réussiriez pas. C'est Dieu lui-même qui nous punit de la sorte.

» A ces paroles, la vitesse de toute la troupe redoubla, et le chevalier, ébahi, perdit bientôt de vue cette apparition. De retour à son château, il fit assembler toutes les jeunes dames du canton, leur raconta l'aventure, et les pria de se garder du trot dans l'autre vie, disant que l'amble valait mieux. Elles lui promirent, sous serment, d'avoir égard à sa prière, et les chroniques racontent que chacune d'elles tint parole.

» Et maintenant, châtelaines qui m'écoutez, vous pou-

vez promettre et tenir, car j'ai fini le très véridique récit
que les Bretons ont appelé le *lai du trot.*»

FIN DU TOME PREMIER

Typographie de J. Frey, rue Croix-les-Petits-Champs, 33